大数据技术系列丛书

大数据分析案例

——基于大数据的能力评估框架及方法

綦秀利　尹成祥　张宏军　著

西安电子科技大学出版社

内 容 简 介

本书基于大数据研究系统的能力评估框架与方法，针对传统的能力评估理论和方法主要存在的缺陷，从大数据中挖掘有价值的信息来辅助评估，以提高评估的客观性、科学性、可信性。本书借助鲁棒有序回归方法，构建了基于大数据的交互式能力评估新型框架；通过特征选择算法分析了行动效果关键影响要素；将鲁棒有序回归方法用于确定评估模型的参数，并提出了认知最优最劣方法、区间认知网络过程和区间最优最劣方法 3 种新的基于两两比较的方法，用于辅助专家提供评估的参考信息。

本书提出的能力评估框架和方法可以推广到多种评估应用中，书中内容可为能力评估和大数据相关研究人员提供参考。本书可作为本科生和研究生的教辅资料，也适合企业与行业大数据从业人员阅读。

图书在版编目(CIP)数据

大数据分析案例：基于大数据的能力评估框架及方法/綦秀利，尹成祥，张宏军著. —西安：西安电子科技大学出版社，2023.7
ISBN 978 - 7 - 5606 - 6822 - 2

Ⅰ. ①大… Ⅱ. ①綦… ②尹… ③张… Ⅲ. ①数据处理 Ⅳ. ①TP274

中国国家版本馆 CIP 数据核字(2023)第 041312 号

策　　划　戚文艳　李鹏飞
责任编辑　李鹏飞
出版发行　西安电子科技大学出版社(西安市太白南路 2 号)
电　　话　(029)88202421　88201467　　邮　　编　710071
网　　址　www.xduph.com　　　　电子邮箱　xdupfxb001@163.com
经　　销　新华书店
印刷单位　咸阳华盛印务有限责任公司
版　　次　2023 年 7 月第 1 版　　2023 年 7 月第 1 次印刷
开　　本　787 毫米×1092 毫米　1/16　印张 7.25
字　　数　167 千字
印　　数　1～2000 册
定　　价　29.00 元
ISBN 978 - 7 - 5606 - 6822 - 2/TP

XDUP 7124001 - 1

＊＊＊如有印装问题可调换＊＊＊

前 言

PREFACE

随着计算机技术和大数据技术的发展以及其在各领域的广泛应用，人们可以将系统的活动过程全方位、多维度地记录下来，并以数据形式存储和积累下来，成为系统能力评估的第一手资料，为系统能力评估提供了可信的数据来源。研究大数据条件下的能力评估框架与方法，对传统的评估方法进行创新，从大数据中挖掘有价值的信息来辅助评估，是提高系统能力评估的客观性、科学性、可信性的有效手段。科学客观的系统能力评估可以为能力的生成、巩固和提高提供科学的依据，对于论证系统建设、优化系统部署以及创新理论都具有重要意义。

传统的能力评估理论和方法主要存在三个方面的问题：一是支撑评估的数据数量、质量有待进一步提高；二是在评估过程中忽略了外部环境对系统能力的影响；三是评估模型参数的确定受人为因素的影响较大，评估结果的客观性存疑。

本书主要从大数据角度，基于鲁棒有序回归方法，探索新型的交互式能力评估框架和方法，重点研究了以下几方面的内容。

1. 设计了基于大数据与鲁棒有序回归方法的新型交互式系统能力评估框架

从评估指标、评估模型和评估方法 3 个层次阐述了基于大数据的能力评估框架。在指标层，设计了基本指标值的获取过程和方法，明确了需要解决的关键问题是确定行动效果关键影响要素，并将其抽象为特征选择问题；在模型层，确定了以多准则层次过程与 Choquet 积分相结合作为评估模型，明确了需要确定的模型参数；在方法层，建立了通过鲁棒有序回归方法确定模型参数取值的交互式过程，明确了以两两比较方法作为辅助专家提供评估参考信息的主要方法。本书提出的新型评估框架可以有效地确保基本指标数据来源客观，评估过程动态可交互，从而使评估结果具备较高的公正性和可信度。

2. 提出了基于划分计算互信息的过滤式特征选择算法

在分析了多个典型的基于互信息的特征选择算法的基础上，本书指出了这些算法存在的 3 个问题：① 特征评价准则中的参数取值难以确定；② 忽略了特征之间的关联信息；③ 某些特征的重要性被高估。根据划分的定义和性质，本书提出了基于划分计算互信息的方法，并在此基础上设计了一个能够同时克服上述 3 个问题的特征选择算法——FSMIP。FSMIP 的时间复杂度与数据集规模呈线性关系，而且本书还为 FSMIP 设计了一个实用的剪枝规则，因此，FSMIP 具有较高的执行效率。为了验证 FSMIP 的有效性，分别在 6 个人工数据集和 13 个真实数据集中将 FSMIP 与另外 5 个特征选择算法进行了对比，实验结果证明 FSMIP 能够较好地捕捉到特征之间的关联信息，并且可以选出更少但是质量更高的特征子集。

3. 创新了评估模型参数取值的确定方法

将鲁棒有序回归方法引入系统能力评估中，改进了从专家提供的评估参考信息中推断评估模型参数的理念和方法。提出了专家可以提供的 4 类 18 种评估参考信息，以及这些参考信息对应的约束条件；分析了 10 组可以从评估参考信息中得到的"必然"和"可能"偏好关系，并分别给出了两种计算这些偏好关系的方法；确定了以"必然"偏好关系以及极限排序的结果作为优化目标来压缩模型参数的取值空间，进而选择最具代表性的模型参数；最后，设计了一个评估案例，详细展示了从评估参考信息到"必然"偏好关系再到评估模型参数的具体交互流程。

4. 扩展了基于两两比较的方法体系，提出了 3 种新的辅助专家提供评估参考信息的方法

将差值标度引入最优最劣方法（Best Worst Method，BWM）中，提出了认知最优最劣方法（Cognitive Best Worst Method，CBWM）。CBWM 兼具了基本认知网络过程（Primitive Cognitive Network Process，P-CNP）和 BWM 的优势，相对于 P-CNP，CBWM 更容易得到比较一致的两两比较判断；相对于 BWM，CBWM 得到的结果能够更好地拟合专家给出的两两比较结果。对 P-CNP 和 BWM 在区间数上进行扩展，使其能够应对专家的不确定性判断，提出了区间认知网络过程（Interval Cognitive Network Process，I-CNP）和区间最优最劣方法（Interval Best Worst Method，IBWM）。相比于区间层次分析法，I-CNP 和 IBWM 能够更好地反映专家对问题的认知，得到的结果更加可靠。CBWM、I-CNP 和 IBWM 扩展完善了基于两两比较的方法体系，灵活运用这 3 个算法，可以更加便捷地为专家提供可靠的评估参考信息。

由于作者水平所限，本书不足之处在所难免，敬请广大读者批评指正。

编　者

2023 年 2 月

目 录
CONTENTS

第 1 章

绪 论

能力，是系统完成特定目标或任务所体现出来的综合素质，对系统能力的评估一直是各行各业的难题。如作战能力评估，是对武装力量在特定战场环境下遂行作战任务的能力进行的考核和评价，目的是为作战能力的生成、巩固和提高提供科学依据。作战能力评估不仅可以帮助部队明确军队建设的具体目标，发现并纠正军队建设中存在的偏差，而且可以用于论证部队建设方案，优化军事力量部署，促进军事理论的开拓创新。

现实中的系统，如战争系统，通常是一个复杂的巨系统，对战争参与者的能力的评估备受世界各国学者的关注。美军在作战能力评估的理论研究和实践操作方面都走在了国际前列。一方面，美军颁布了《联合作战能力评估程序》和《功能执行委员会程序》等操作性很强的指导文件；另一方面，美军开发了 ATCLA、THUNDER、TACWAR、JICM 以及 JAS 等大型仿真评估系统用于辅助评估的进行；更重要的是，进入 21 世纪以来，美军先后参与了阿富汗战争、伊拉克战争、利比亚战争，这些实战经历很好地校验了他们的评估理论和评估模型。目前，国内对作战能力评估的研究主要集中在对武器装备作战能力的评估，以及针对诸如攻击机反舰作战、雷达网情报作战等分队执行特定作战任务的评估，对于部队整体作战能力评估的研究还比较少。作战能力的评估方法可以划分为静态评估方法和动态评估方法两类。静态评估方法主要从部队拥有的人员和武器装备的数量、质量，部队训练管理水平等方面入手，对部队作战能力进行指数化评估，得到的评估结果通常是一个作战能力的指数值。静态评估方法简单易操作，但由于存在"纸上谈兵"的固有缺陷，得到的结果往往无法精确反映部队的作战能力。动态评估方法的主要思路是基于部队在作战行动中的表现对部队作战能力进行评估。如果缺乏支撑评估的实际数据，动态评估往往依托仿真系统进行。基于仿真的动态评估相对于静态评估考虑了更多的要素，可以得到更加全面客观的评估结果。然而，由于作战本身的复杂性，对战争进行建模是一项复杂的系统工程，目前的仿真技术距离逼真地模拟实战环境还有较大差距，支撑评估的仿真数据的全面性、完整性和可信度都还有待提高，因此，基于仿真的评估结果也会经常遭受质疑。

随着计算机技术和大数据技术的发展，人们可以将活动过程全方位、多维度地记录下来，并以数据形式存储和积累下来，成为能力评估的第一手资料。从大数据中挖掘有价值的信息来辅助能力评估是提高评估客观性、科学性、可信性的有效手段。

除了评估数据来源问题，评估方法的选择以及评估模型参数的确定也是能力评估需要解决的问题。评估方法的选择需要针对具体问题进行分析，而评估模型参数的确定往往需要人的参与。常用的评估方法包括多准则效用理论(UTA 方法、层次分析法、网络分析法、MACBETH 方法、基本认知网络过程、基于模糊积分的方法等)、级别优先关系方法(ELECTRE 系列方法、PROMETHEE 系列方法等)、基于优势粗糙集的方法、考虑不确定性的评估方法(模糊综合评价、模糊层次分析法、区间层次分析法等)等。这些方法的共同特征是都需要领域专家的参与来确定模型中用到的诸如权重、阈值等参数的取值。领域专家的参与通常有两种方式，一种是领域专家直接提供模型参数的取值，另一种是领域专家为评估模型提供参考信息，模型从参考信息中反推出所需的参数。显然，第二种方式的使用更为普遍。

本书将领域专家提供给评估模型的信息称为评估参考信息。人的参与在评估中不可避免，因此降低人的主观认知偏差对评估结果的影响是能力评估需要着力解决的问题。目前多数评估方法要求领域专家一次性给出评估参考信息，只有在信息存在严重不一致时才会给出反馈要求专家修改参考信息。然而，对于类似于作战能力评估这样比较复杂的评估问题，领域专家很难给出比较准确、一致的评估参考信息。在这种条件下，比较理想的方案是构建一种交互式的评估机制，领域专家首先提供比较确信的参考信息，模型经过分析处理向专家反馈，反馈信息包含对已有参考信息的一致性判断，以及对新的参考信息的建议。专家在反馈信息的基础上，可以对原参考信息进行修改，也可以提供新的参考信息，这种交互式迭代过程可以帮助领域专家逐步加深对问题的认识，进而有效减少主观认知偏差对评估结果的影响。鲁棒有序回归方法是实现这种交互式迭代评估的重要手段。

从大数据出发，基于鲁棒有序回归方法构建新型交互式能力评估框架，对框架中涉及的基本指标值的获取、鲁棒有序回归方法在能力评估中的应用以及辅助专家提供评估参考信息等具体问题进行深入研究。其意义在于：

(1)基于大数据的交互式能力评估框架是对评估理论与方法的创新，使用这种新型交互式能力评估框架可以有效提高支撑能力评估的数据的可信性，同时降低人为因素对评估的影响。

(2)对大数据的分析挖掘不仅能够为能力评估提供数据支持，而且可以辅助专家研究规律，对理论进行校验，并为理论创新提供依据。

(3)借助鲁棒有序回归方法从专家提供的评估参考信息中推断评估模型参数，转变了能力评估模型参数的设置模式，促进了能力评估模型的优化，使得能力评估模型能够与专家的专业知识和大数据中蕴含的知识相一致。

(4)本书提出的新型交互式能力评估框架以及相应的评估参考信息生成方法不仅可以用于特定能力评估，也可以推广到其他评估应用中。

1.1　研究现状

1.1.1　能力评估研究现状

对系统能力评估研究的基本思路是，首先针对系统构建评估指标体系，然后获取基本指标值，最后对指标值进行聚合，得到评估结果。能力评估的详细执行流程以肖丁等人[1]的研究成果最具代表性。如图 1-1 所示，能力评估主要包括评估准备、评估实施、评估结果处理三大阶段。评估准备阶段需要完成对评估对象与评估目的的分析、评估组织的建立、评估方案的拟制以及评估方案的评审与确认等工作，其中评估方案的拟制是核心。在拟制评估方案时需要建立评估指标体系、选取评估方法、建立评估模型并对评估模型进行校验。评估指标体系的合理性和评估方法的适用性很大程度上决定了评估结果的准确性和可信度，因此评估方案的拟制在整个评估过程中举足轻重。评估实施阶段主要完成搜集评估数据、处理评估数据、评估结果的产生与校验，其中搜集评估数据是基础也是难点。评估结果处理阶段主要完成评估报告的撰写、评估报告的评审与确认以及评估结果的反馈和应用。评估结果能够指导发现建设、活动中存在的问题和不足，并为下一步的改进指明方向。

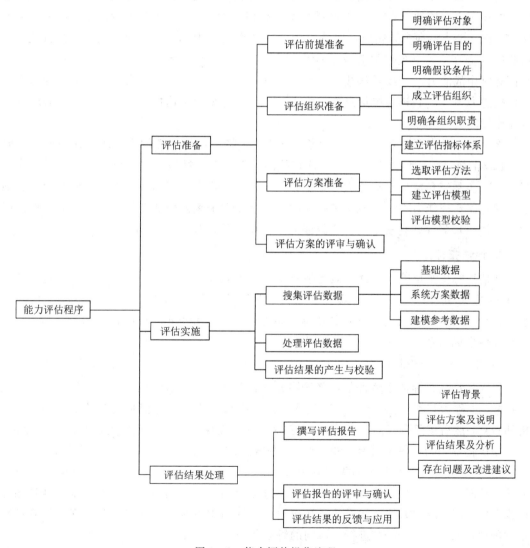

图 1-1　能力评估操作流程

下面从评估对象、评估指标体系和评估方法 3 个方面对能力评估的研究进展进行论述。

1. 评估对象

系统能力评估的对象可分为整体能力和分项能力。例如，作战能力评估的对象可以分为 3 类：部队整体作战能力、武器装备作战能力、分队执行特定作战任务的作战能力。

对部队整体作战能力的研究相对较少。付东等人[2]从宏观的层面分析了作战能力与作战效能两个概念的区别与联系，总结了作战能力评估的常用方法，李传方等人[3]综述了国内外对作战能力评估的研究进展，重点针对的是评估方法。除了抽象层次的作战能力评估，还有一些学者对特定类型部队的作战能力评估进行了研究，如信息化部队作战能力[4]、数字化部队作战能力[5]、联合作战能力[6]、合成部队作战能力[7, 8]、装甲师作战能力[9]、陆军合成师作战能力[8]等。

刘毅勇和江敬灼[10]提出对部队作战能力的评估可以先从部队的编制装备入手。对武器装备作战能力评估的研究[11-18]是作战能力评估研究的主流，其中除了对抽象武器装备系统（体系）作战能力的研究，还包括对特定武器装备作战能力的研究，如通信网作战能力[19]、潜艇作战能力[20-22]、反舰导弹作战能力[23]、地空导弹作战能力[24]、雷达作战能力[25, 26]、水面舰艇作战能力[27]、反导作战能力[28]、天基海洋监视体系作战能力[29]、自动目标识别系统作战能力[30]、C4ISR 系统信息作战能力[31]、天波超视距雷达作战能力[32]、天基对地打击武器作战能力[33]等。

除了上述两类评估对象，还有学者对分队执行特定作战任务的作战能力评估进行了研究，如攻击机反舰作战能力[34]、工兵团作战能力[35]、舰艇区域防空作战能力[36]、网络作战能力[37]、步兵三角队形作战能力[38]、电磁脉冲弹打击水面舰艇作战能力[39]、防空导弹反临近空间武器作战能力[40]、飞机超视距作战能力[41]、两栖编队作战能力[42]、单舰防空作战能力[43]、潜射反舰导弹超视距攻击作战能力[44]、防空兵作战能力[45]等。

2. 评估指标体系

评估指标体系反映了评估者对评估对象的基本认识，是评估工作的基础，也是系统能力评估的研究重点。目前，众多的学者提出了多种多样的作战能力评估指标体系[5, 10, 26, 37, 46-48]。系统能力评估的指标体系可以分为 3 种类型：层次化评估指标体系、网络化评估指标体系和动态评估指标体系。

1）层次化评估指标体系

层次化评估指标体系将评估对象逐层分解，得到一个树状结构，树的叶节点称作最底层指标，也称为基本指标。基于层次化评估指标体系的评估方法都是先对基本指标进行分析和解算，然后按照自底向上的顺序对指标值进行逐层聚合，进而得到最终的评估结果。由于层次化评估指标体系具有简单、直观、易操作的特性，因而得到了广泛的应用。

李璟[49]从宏观层面上将部队作战能力分解为打击力、机动力、防护力、保障力和信息力 5 种子能力，如图 1-2 所示。图 1-2 给出的指标体系通常称为"五力"作战能力评估指标体系。"五力"作战能力评估指标体系在作战能力评估中得到了广泛的运用，许多学者针对不同的评估对象，对"五力"进行了不同的解读和细化[14, 16]。

随着信息化建设的不断深入，对信息力的重视程度也在不断增加，因此，许多研究者将"五力"中的信息力分解为情报侦察（战场感知）能力和指挥控制能力，进而得到"六力"作战能力评估指标体系[7, 8, 50]。从情报侦察能力、指挥控制能力、机动突击能力、整体打击能力、全维防护能力和综合保障能力 6 个方面对部队的作战能力进行综合评估。

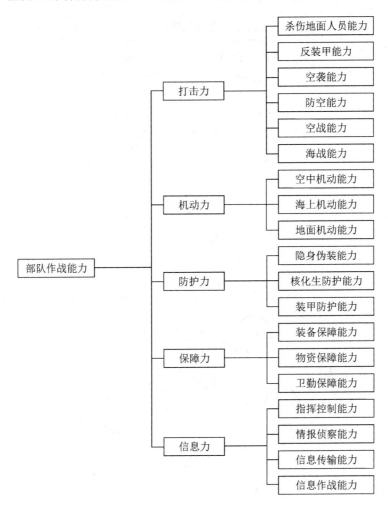

图 1-2 "五力"作战能力评估指标体系

除了"五力"和"六力"作战能力评估指标体系，在对特定的武器装备进行评估以及对分队执行特定作战任务进行评估时，通常需要针对评估对象的具体特点构建特定的评估指标体系，这里不再赘述。

2）网络化评估指标体系

由于系统能力评估的复杂性，层次化评估指标体系存在两个方面的问题：一是同一层次的指标之间不是相互独立的，而是存在着关联关系；二是下级指标有时也会对上级指标存在支配作用，即存在反馈效果。针对层次化评估指标体系的不足，Saaty[51] 提出了网络化评估指标体系，并在作战能力评估中得到了应用[12,20,25,29]。网络化评估指标体系的基本结构是一个由指标簇及其所包含指标构成的影响和反馈网络，如图 1-3 所示。网络中的有向边表示影响关系，箭头所指的节点是被影响节点，节点上的环表示节点对其自身也产生影响。指标簇是指标的集合，其内部结构如图 1-4 所示。一个指标不仅可以与同一个簇内的其他指标存在关联，也可以与不同簇中的其他指标存在相互影响。层次化评估指标体系可以看作是网络化评估指标体系的一个特例。网络化评估指标体系的分析处理主要依靠网络分析方法，具体的步骤将在下一节中阐述。

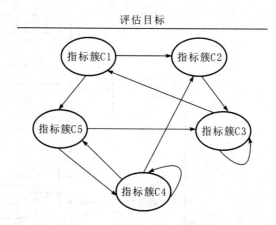

图1-3 网络化评估指标体系

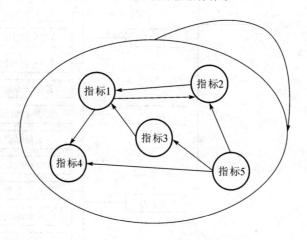

图1-4 簇内指标间关系

3）动态评估指标体系

伍文峰和胡晓峰[48]在研究网络化前提下的作战能力时指出，静态的评估指标体系无法有效体现体系能力的整体涌现性和动态演化性，因而必须构建网络化动态评估指标体系。动态评估指标体系的构建包括以下几个步骤。

（1）建立初始指标集合。该步骤由军事专家和评估人员共同完成，尽可能全面地包含与作战能力相关的指标。

（2）构建全连通指标网。默认初始指标集中的所有指标之间都存在相互关联，因而可以构建一个全连通的网络。需要指出的是，指标值和关联关系是随着时间动态演化的。

（3）挖掘关键指标。通过社团分析、主成分分析和中心性分析等手段提取各时刻的特征指标，然后将这些指标聚合得到整个阶段的关键指标。使用这些关键指标对体系作战能力进行分析评估，可以得到评估"结果云"。

3. 评估方法

目前，能力评估的方法有很多，本小节重点对几种常用的方法进行简单介绍，并阐述各种方法的优缺点。

1）指数法

指数法是一种经典的作战能力分析评估方法，其基本理念是将作战能力中包含的要素进行量化，得到各种"指数"，然后采用适当的方法将这些指数进行聚合，得到综合指数用以度量部队的作战能力。针对不同的评估对象，指数的定义和聚合方式各有不同[12,20,25,27,34,36]，常用的指数法包括杜派指数法、经验公式法、幂指数法等。吴志飞等人[27]将水面舰艇作战能力指数分解为对空作战能力指数、对海作战能力指数、对岸作战能力指数、对潜作战能力指数、作战指挥能力指数、电子对抗能力指数、平台作战能力指数，分别给出了7种指数的计算公式，然后通过幂指数法得到最终的作战能力指数。石福丽等人[20]使用幂指数法对潜艇反舰作战能力进行了评估。

指数法操作简单，易于使用，但也存在着几点不足：第一，评估得到的综合指数值没有实际的物理意义，结果的可解释性不强；第二，指数的计算公式比较简单，不足以体现战争的复杂性；第三，指数法得到的评估结果是一个指数值，其包含的信息太少。

2）层次分析法

层次分析法（Analytic Hierarchy Process，AHP）是一个基于两两比较的多准则决策方法。AHP首先将评估目标进行层次化分解，得到层次化的评估指标体系，然后在每个层次上进行两两比较，得到比较判断矩阵，接着从比较判断矩阵中推断出指标的相对重要性，最后将这些结果进行逐层聚合，得到最终评估值。AHP在作战能力评估中得到了广泛的应用[9,41,52]。除了直接用于评估部队作战能力，AHP更多被用来确定指标权重，然后与其他方法结合使用完成评估任务。

AHP的原理简单，具备较高的可操作性，尤其适用于信息不完整时的评估场景。然而，AHP也存在着以下几点不足：第一，AHP的基础是专家对待评估对象的两两比较，因此方法有较强的主观性，易受人为因素的干扰；第二，当参与两两比较的对象较多时，很难确保比较判断矩阵的一致性，也就无法确保结果的可信度；第三，AHP体现的指标的线性组合，无法表示更复杂的评估应用。

3）网络分析法

网络分析法（Analytic Network Process，ANP）是对AHP的扩展，综合考虑了指标之间的相关性以及下级指标对上级指标的控制与反馈。ANP的基本步骤：① 确定评估指标集；② 分析指标之间的相关性；③ 构建网络化评估指标体系（详见图1-3和图1-4）；④ 通过两两比较构建超矩阵；⑤ 用指标簇的权重归一化超矩阵；⑥ 计算极限超矩阵；⑦ 聚合权重，得到评估结果。ANP目前也在作战能力评估中得到了较多的应用[12,20,25,29]。

ANP克服了AHP对问题描述过于简单的缺点，能够适应更复杂的评估问题。但是，ANP中涉及的两两比较远远多于AHP，对专家提出了更高的要求，也使得评估结果有更大的可能性会受到主观因素的影响。此外，ANP的运算复杂度也远高于AHP。

4）模糊综合评判法

模糊综合评判法是依据模糊数学中的模糊变换原理以及最大隶属度原则的一种综合评价方法。模糊综合评判法的步骤：① 确定评估指标集；② 确定评语集（等级划分的集合）；③ 确定指标的权重（常采用AHP）；④ 进行单指标模糊评价，确定模糊关系矩阵；⑤ 选择模糊集成算子，计算模糊综合评估向量；⑥ 根据最大隶属度原则或加权平均原则得到评估结果。王涛等人[4]将模糊综合评判法与数据包络分析方法相结合，对信息化部队作战能力进行评估，徐海峰等人[52]将模糊综合评判法用于舰艇编队信息作战能力的评估，王劲松等人[53]将灰色模糊综合评价与模糊综合评判法相结合对网络作战能力进行评估。

模糊综合评判法的优点是能够反映评估中的不确定性，而且评估结果是一个向量，包含了更多的信息；缺点是模糊关系矩阵的确定需要专家的大量参与，带有较强的主观性，而且如果指标过多，会出现"超模糊"现象，导致分辨率较低，无法有效进行评估。

5）基于机器学习的方法

基于机器学习的方法的基本理念是从评估样本数据中学习诸如神经网络[24,54]、支持向量机[55]等模型，然后对于新的待评估对象，只需将各评估要素输入模型，就可以自动得到评估结果。基于机器学习的方法是比较新的能力评估方法，随着机器学习、人工智能的持续发展，该类方法受到越来越多的关注。

基于机器学习的方法的优点是减少了人的参与，评估的客观性大大提高。使用基于机器学习的方法的最大困难是训练数据的获取。目前，训练数据主要来自仿真系统。然而，由于系统的复杂性，仿真系统产生的数据的可信度存疑。

6）其他方法

除了上述提到的 5 种方法，还有很多其他方法被用于能力评估，如灰色评估方法[35]、基于 Choquet 积分的方法[21]、云重心法[43,56]、TOPSIS 方法[57]、基于信息熵的方法[31,52]等。

1.1.2 特征选择算法研究现状

特征选择是机器学习和数据挖掘领域的一个研究热点，目前已经广泛应用在图像识别[58]、文本分类[59]、生物信息学[60]、网络入侵检测[61]等领域。特征选择的目标是选择一组能够有效描述原始特征集合的特征子集，以便消除冗余特征、不相关特征以及噪声数据的影响，确保学习算法的效率和准确性。特征选择是应对数据爆炸产生的"维度灾难"的有效手段。相对于特征提取，特征选择得到的是原始特征空间的子集，具备更好的可解释性。随着研究的不断深入，已经有大量的特征选择算法被提出，这些算法可以按照所处理的数据是否包含类别（标签）信息以及特征的评价准则进行分类[62]，如图 1-5 所示。

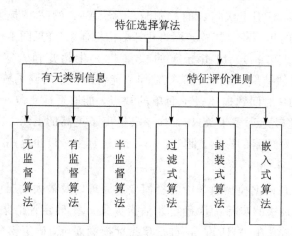

图 1-5　特征选择算法分类

从所处理的数据集有无类别信息的角度可以将特征选择算法分为无监督特征选择算法[63]、半监督特征选择算法[64]和有监督特征选择算法[65]三类。无监督特征选择算法的应用对象是没有类别信息的数据集。在现实应用中，很多数据在采集时并没有包含类别信息，而为这些数据人为"打标签"的代价又特别高，此时无监督特征选择算法的作用就特别显著[63]。半监督特征选择算法的应用对象是只有少部分样本带有类别信息的数据集。有监督特征选择算法的应用对象则是有类别信息的数据集。三类算法中，有监督特征选择算法的效果最好，得到的关注也最多，但是对数据集的要求也最高。随着各行各业的数据都在朝着大数据的方向演进，半监督特征选择算法和无监督特征选择算法得到的关注正在逐步上升。

从特征评价准则的角度可以将特征选择算法分为过滤式特征选择算法、封装式特征选择算法和嵌入式特征选择算法三类。过滤式特征选择算法独立于学习模型，采用预先定义好的特征评价准则来对特征子集进行选择。封装式特征选择算法采用特定的学习模型作为一个黑箱来对特征子集的性能进行评估。嵌入式特征选择算法则将特征选择作为学习模型构建的一部分，在模型的学习过程中实现特征选择。三类算法中，封装式特征选择算法的效果通常最好，但是存在计算复杂度高、泛化能力差和容易出现过拟合等缺点；过滤式特征选择算法独立于学习模型，配合恰当的搜索策略，具有较高的效率和较强的泛化能力，受到的关注也最多；嵌入式特征选择算法得到的结果通常只适用于其对应的学习模型。

上述的两种分类体系存在着交叉，也就是说，对于无监督、半监督和有监督的特征选择来说，都可以使用过滤式、封装式和嵌入式特征选择算法。本小节剩下部分对一些常用的特征选择算法进行介绍。

1. 无监督特征选择算法

无监督特征选择算法要解决的基本问题是如何对原始特征空间的结构进行建模，并确保选出的特征子集能够较好地表示原始特征空间的结构。

无监督特征选择算法可以分为特征排序和特征聚类两类。特征排序的思想是通过预定义的准则对特征进行排序，然后按照排序顺序从高到低进行选择。常用的排序准则有信息散度(Information Divergence)[66]、拉普拉斯值(Laplacian Score)[67]、加权主成分[68]等。特征排序方法将每个特征单独考虑，忽略了特征之间的冗余和关联。特征聚类的思想是将原始特征空间划分成若干个簇，然后从每个簇中选择具有代表性的特征作为最终的选择结果。特征聚类方法确保了选出特征彼此之间具有较小的冗余，同时能够较好地表示原始特征空间。K 近邻聚类[69]、层次聚类[70]、模糊 c 均值聚类[71]等聚类算法都已经被用于特征聚类。除了特征排序和特征聚类，还有学者提出通过对样本进行聚类人为构建类别信息，然后使用有监督特征选择算法完成特征选择[72]，这类算法的性能高度依赖于所选聚类算法的执行效果。

2. 半监督特征选择算法

Sheikhpour 等人[64]将半监督特征选择算法做了图 1 - 6 所示的分类。基于图理论的方法首先将训练样本构建成图，然后再基于图的相关理论进行特征选择，具体的方法又可以细分为基于拉普拉斯值的方法[73]、基于费舍尔准则(Fisher Criterion)的方法[74]、基于成对约束的方法[75]、基于图谱理论和聚类的方法[76]以及基于稀疏模型的方法[77]。基于协同训练与自训练的方法的基本思路都是在有类别信息的样本上训练分类器，然后用所得分类器为没有类别信息的样本"打标签"。协同训练基于多个分类器的结果来标注无类别信息的数据，自训练[78]既可以基于单个分类器也可以基于集成学习的结果来标注无类别信息的数据。基于支持向量机的方法通过最大化分类边界同时利用数据的局部结构来实现特征选择，常见的有基于递归特征消除的方法[79]、基于稀疏模型的方法[80]和基于流形正则化的方法[81]。表 1-1 列出了上述几类方法的优缺点。

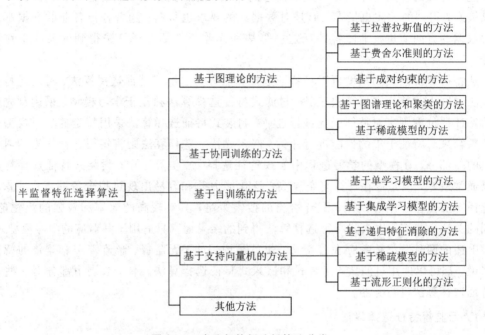

图 1-6 半监督特征选择算法分类

表 1-1 半监督特征选择算法的优缺点

方　　法	优　　点	缺　　点
基于图理论的方法	(1) 算法效率通常较高 (2) 选出的特征子集具备较好的泛化能力	(1) 容易忽略特征之间的关联关系 (2) 忽视了与分类器的交互
基于自训练与协同训练的方法	(1) 能够与分类器进行交互 (2) 通常将特征子集作为一个整体进行评估，考虑了特征之间的关联	(1) 需要训练很多分类器，计算复杂度较高 (2) 容易出现过拟合 (3) 泛化能力较差 (4) 结果依赖于特定分类器
基于支持向量机的方法	(1) 能够与分类器进行交互 (2) 通常将特征子集作为一个整体进行评估，考虑了特征之间的关联 (3) 算法效率高于基于自训练与协同训练的方法 (4) 出现过拟合的概率低	选择的结果依赖于特定分类器

3. 有监督特征选择算法

本小节从过滤式特征选择算法、封装式特征选择算法和嵌入式特征选择算法 3 个方面总结有监督特征选择算法。

1) 过滤式特征选择算法

过滤式特征选择算法通过定义特征评价准则来度量特征子集与类别的相关性，进而完成特征选择。目前常用的特征评价准则包括基于距离的准则、基于互信息的准则、基于一致性的准则、基于关联性的准则、基于邻域图的准则[82]。基于距离的准则选择能够使同类别样本之间距离尽可能小、不同类别样本之间距离尽可能大的特征子集。基于互信息的准则以信息论相关指标(互信息、对称不确定性等)作为度量特征子集与类别相关性的准则，是目前使用最为普遍的一类准则。基于一致性的准则的基本原则是使用选择的特征子集进行分类时，不一致样本(特征取值相同、类别不同的样本)的比例不超过某个阈值。基于关联性的准则旨在选择一组与类别高度相关且相互之间关联性尽可能低的特征子集。基于邻域图的准则旨在选择能够保持原始特征空间结构的特征子集。表 1 - 2 列出了基于上述各种准则的常见的过滤式特征选择算法。

表 1 - 2　过滤式特征选择算法

特征评价准则	特征选择算法
基于距离的准则	Relief 算法[83]、ReliefF 算法[83]、基于费舍尔准则的算法[84]
基于互信息的准则	JMIM 算法[85]、CMIM 算法[86]、mRMR 算法[87]、FOU 算法[88]、MIFS 算法[89]、MIFS-U 算法[90]、IWFS 算法[91]、MIFS-ND 算法[92]
基于一致性的准则	FOCUS 算法[93]、LVF 算法[94]、基于粗糙集的算法[95]
基于关联性的准则	CFS 算法[96]
基于邻域图的准则	基于拉普拉斯值的算法[67]、MCFS 算法[97]

2) 封装式特征选择算法

封装式特征选择算法以特定的学习模型作为评价特征子集的黑箱。假设原始特征空间中共有 N 个特征，那么要得到最优特征子集需要进行 2^N 次测试，这使得特征选择问题变成了一个 NP-hard 问题，因此特征空间的搜索策略是封装式特征选择算法的一个关键。图 1 - 7 给出了常用的搜索策略。完全搜索能够确保得到最优特征子集，但是复杂度通常较高。其中，穷举法是对整个特征空间的所有子集进行遍历，算法复杂度最高；分支定界法和集束搜索通过适当的方式对搜索空间进行压缩，提高算法效率。序列搜索[98-100]是最常用的搜索策略，其中，序列前向搜索从空集开始，每次选择一个使特征评价准则最优的特征，直到满足停止条件；序列后向搜索则从特征全集出发，每次删除一个对特征评价准则取值影响最小的特征，直到满足停止条件；双向搜索同时进行选择和删除操作；增 L 减 R 法和浮点搜索都是通过引入回溯机制来对传统序列搜索进行优化的。序列搜索执行效率较高，但是无法确保结果的全局最优性。随机搜索则可以帮助序列搜索跳出局部最优。完全随机搜索主要采用重抽样手段，而概率随机搜索则基于一些启发式搜索算法，如遗传算法[101]、粒子群算法[102]、模拟退火算法[103]等。

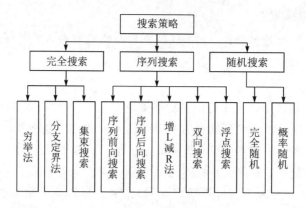

图 1-7　搜索策略

3) 嵌入式特征选择算法

嵌入式特征选择算法将特征选择作为模型训练的一部分。决策树的构建过程是最典型的嵌入式特征选择。此外，很多嵌入式特征选择算法将回归作为学习模型的一个约束，以便获得一个稀疏解[104]。Nie 等人[105]和 Xiang 等人[106]用 $L_{2,1}$ 范数分别在支持向量机和 K 近邻两种分类器上实现了具有鲁棒性的特征选择。Anaissi 等人[107]和 Pang 等人[108]还使用随机森林作为分类器实现了嵌入式特征选择。

1.1.3　鲁棒有序回归研究现状

在多准则决策问题中，决策者需要在 m 个备选方案 $A=\{a_1, a_2, \cdots, a_m\}$ 上针对 n 个准则 $G=\{g_1, g_2, \cdots, g_n\}$ 作出决策。每个准则 $g_j:A \rightarrow I_j \subseteq \mathbf{R}$ 可以看作是一个函数，$g_j(a)$ 表示备选方案 a 在准则 g_j 上的表现。多准则决策问题包含 3 种类型[109]：排序(Ranking)问题、选择(Choice)问题和有序分类(Sorting)问题。排序问题要求给出 A 中所有备选方案的排序；选择问题需要从 A 中选择部分好的备选方案；而有序分类问题则要将 A 中的备选方案分配到预先定义好的具有偏好关系的类别中。

在专家不提供任何偏好信息的前提下，决策分析者仅能够从备选方案在准则上的表现得到占优关系。备选方案 a 占优于 b 指的是在所有准则上 b 都不优于 a，且至少在一个准则上 a 优于 b。在实际应用中，能直接得到的占优关系非常有限。因此，为了更好地对问题进行分析，需要决策者提供额外的偏好信息。专家可以通过直接和间接两种方式提供参考信息，直接方式就是专家直接为决策模型中的参数(效用理论中的边际效用函数、级别优先关系中的各种阈值和准则权重等)赋值，而间接方式指的是专家给出准则之间以及备选方案之间的成对比较信息。由于通常情况下专家难以提供可靠的直接偏好信息，提供间接偏好信息成为更常见的方式。

从专家提供的间接偏好信息中去推断决策模型参数的方法称为解聚(Disaggregation)方法[110]。有序回归是一种常见的解聚方法，它旨在从决策者提供的参考集中推断决策模型的参数。常用的有序回归方法有 UTA 方法[111]、UTADIS 方法[112]、UTASTAR 方法[113]，以及 UTA 方法的诸多变形。

在有序回归方法中，决策分析者仅从与参考集一致的模型参数(通常不止一组)中选择一组来构建决策模型。这种方式一方面会造成信息的浪费，另一方面选择过程的随机性会使得到的决策模型不具备鲁棒性。为了解决这个问题，Greco 等人[114]于 2008 年提出了第一个鲁棒有序回归（Robust Ordinal Regression，ROR）方法——UTA^{GMS}。ROR 综合考虑所有与参考集一致的模型参数，从"必然"和"可能"两个角度衡量备选方案之间的优先关系。决策者可以依据 ROR 提供的"必然"和"可能"偏好关系为决策分析者提供新的偏好信息，通过决策者与分析者的不断交互，得到更加"鲁棒"、更加科学的决策结果。

自 Greco 等人提出 UTA^{GMS} 以来，ROR 的研究受到了众多学者的关注。GRIP[115]对 UTA^{GMS} 进行了扩展，不仅考虑备选方案之间的偏好关系，还考虑偏好关系的强度；UTADIS^{GMS}[116]将 ROR 推广到了有序分类问题中；ELECTRE^{GKMS}[117]和 PROMETHEE^{GMS}[118]将 ROR 应用到基于级别优先关系的决策模型中。Angilella 等人[119]提出了基于非加性效用函数的 ROR 方法将 Choquet 积分与 ROR 结合起来处理准则之间存在关联的情况。Angilella 等人[120, 121]将 ROR 与随机多准则可接受性分析（Stochastic Multicriteria Acceptability Analysis，SMAA）理论相结合，对与参考集一致的模型参数空间进行了更加深入的探讨。Corrente 等人[122-124]将 ROR 应用到了多准则层次过程（Multiple Criteria Hierarchy Process，MCHP）中，使决策分析者能够从各个层次的所有准则上为决策者提供建议。Greco 等人[125, 126]将 ROR 得到的"必然"和"可能"偏好关系用在优势粗糙集上，得到了相应的决策规则。除得到"必然"和"可能"两种备选方案之间的偏好关系外，Greco 等人[127-129]还探讨了如何基于这两种关系选择最具代表性的决策模型。表 1-3 列出了 ROR 研究关注的问题以及对应的文献。

表 1-3 ROR 文献分类汇总

关注问题	文 献
综述、概述	Ehrgott 2010[130]、Corrente 2014[131] Greco 2008[114]、Angilella 2009[132] Figueira 2009[115]、Angilella 2010[119] Greco 2011[117]、Kadziński 2012[118]
排序问题	Corrente 2012[124]、Corrente 2012[133] Corrente 2013[134]、Angilella 2013[135] Corrente 2013[123]、Corrente 2014[136] Greco 2014[137]、Corrente 2016[138]
有序分类问题	Greco 2010[116]、Kadziński 2015[139] Kadziński 2015[140]、Corrente 2017[122]
与 SMAA 的结合	Kadziński 2013[141]、Kadziński 2013[142] Angilella 2015[121]、Angilella 2016[120]
与优势粗糙集的结合	Greco 2013[125]、Kadziński 2014[126]
模型选择问题	Angilella 2010[143]、Greco 2011[144] Kadziński 2012[127]、Kadziński 2012[129] Kadziński 2013[128]
其 他	Greco 2012[145]、Corrente 2013[146] Corrente 2017[147]

1.2　存在的问题及解决思路

尽管能力评估的重要性得到了足够的重视，相关的研究也取得了很多的成果，但是目前对系统的能力评估还存在着三个方面的突出问题。

一是支撑评估的数据的范围和可信度有待进一步提高。目前，能力评估的数据来源主要包括系统本身的数量、质量信息和系统仿真数据。通常情况下，系统的数量和性能参数数据是静态数据，虽然很客观，但所涵盖的范围不足以支撑具有高度动态性的能力评估。虽然基于仿真系统可以以较低的代价获得大量的数据，但是由于系统的复杂性，仿真系统自身的可信度就存疑，获得的数据的可信度也就会大打折扣。

二是忽略了外部环境对系统行动效果的影响。系统的能力是在具体的特定环境中完成规定任务的能力，能力评估不能忽视外部环境的影响。以机动能力评估为例，在不同的天气、土质、地形等因素的影响下，相同的机动速度反映的机动能力是不同的。目前的评估方法多是从行动的效果中直接获取指标数据，忽视了外部环境对行动效果的影响。

三是评估模型参数的确定受人为因素的影响较大，评估结果的客观性存疑。所有的评估模型中都有需要确定的参数，而这些参数的确定都离不开领域专家的参与。在目前的研究中，专家通常直接根据经验给出参数的取值，或者给出相应的比较判断信息，然后借助相应的方法间接地推断参数的取值。直接赋值的方法在复杂的评估任务中显然是不可行的。目前的间接赋值方法通常是专家一次性给出参考信息，只有参考信息严重不一致时才会要求专家重新提供，缺乏一种有效的交互式机制来尽量减少人为因素的干扰。

采用机器学习的方法，根据历史数据直接对系统的能力进行回归分析是理论上的最理想的能力评估方法。然而，这种理论上的理想方案在实践上往往不可行。例如，在军事上，如果将每场演习作为一个样本，将演习评估结果作为样本的类别标签，那么多年积累的样本量是非常有限的，而每场演习包含的要素又特别多，这将是一个样本维度远远大于样本量的学习问题，学习的难度非常大而且学习的效果往往不如人意。其次，每场演习包含的要素并不是完全一致的，所有样本在一起会构成维度更高且存在很多缺失值的矩阵，这会进一步提高学习的难度。最后，历次演习采用的评估方法并不可能完全一致，得到的评估结果的表现形式也不完全一致，这就导致了每条样本数据的类别标签可能会存在差异，甚至无法直接将这些样本整合成一个数据集。

针对上述问题，本书从大数据出发，基于鲁棒有序回归方法探索新型的交互式能力评估框架和方法。将历年积累下来的大数据作为评估数据的主要来源，设计从大数据中挖掘基本指标值的方法，提高基本指标值的客观性和可信度。同时，借助鲁棒有序回归方法，设计一种交互式流程来确定评估模型参数的取值，提高评估的鲁棒性和参数值的可信度。最后，基于两两比较方法，设计辅助专家提供评估参考信息的方法，提高评估参考信息的质量。

1.3　研究内容

本书设计了基于大数据的新型能力评估框架，详细探索了新型能力评估框架中需要解决的关键问题。本书的组织结构如图 1-8 所示。全书共分为 6 章，第 1 章主要对能力评估现状进行综述，第 2 章是能力评估的整体框架，第 3 章至第 5 章是新型能力评估框架中需要解决的关键问题，最后一章对全文进行总结，并展望下一步的研究方向。

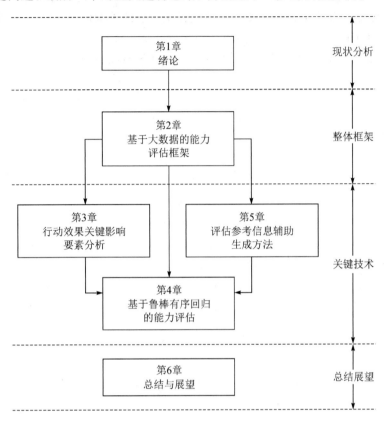

图 1-8 本书的组织结构

第 1 章阐述了研究背景和意义，归纳总结了能力评估的研究现状和所存在的问题，提出了解决问题的基本思路。

第 2 章梳理了典型大数据的分类体系和以作战行动为视角对演习大数据进行编辑的相关方法，从评估指标、评估模型和评估方法 3 个层次阐述了基于演习大数据的部队作战能力评估框架。本章是本书的总纲，从宏观层面描述了本书的主体工作，引出了构建新型能力评估框架需要解决的关键问题，为后续章节的论述作了铺垫。

第 3 章将作战行动效果关键影响要素分析抽象为特征选择问题，回顾了 13 个典型的基于互信息的过滤式特征选择算法，总结了所用到的特征评价准则，指出了这些算法存在的问题。为了同时克服算法所存在问题的影响，本章提出了基于划分计算互信息的特征选择算法——FSMIP。FSMIP 借助划分计算互信息的优势，直接计算特征子集与类之间的相关性。在人工数据集和真实数据集上的实验结果都证明了 FSMIP 的有效性。

第 4 章首先对鲁棒有序回归方法进行了综述，然后归纳了在使用鲁棒有序回归方法确定评估模型参数时，专家能够提供的评估参考信息的类型，以及能够从参考信息中推断出的"必然"和"可能"两类偏好关系的类型，设计了选择最具代表性模型参数的方法，最后通过一个案例，对本章的理论进行了演示。

第 5 章基于两两比较方法，辅助专家提供评估参考信息。本章首先介绍了几种基于两两比较的方法，然后综合已有算法的优势，提出了认知最优最劣方法、区间认知网络过程和区间最优最劣方法 3 个改进的两两比较方法。理论分析和数值案例分析都证明了 3 个改进方法的优良特性，能够辅助专家更加便捷地提供可靠的参考信息。此外，3 个改进的方法还补充完善了基于两两比较的方法体系。

第 6 章对全书的工作进行了总结，并展望了未来的研究方向。

第 2 章

基于大数据的能力评估框架

目前的能力评估所依赖的数据的范围和可信度需要进一步提高，同时评估模型参数的确定方法受主观因素的影响较大。对大数据进行分析挖掘是提高评估数据可信度的有效方式，而鲁棒有序回归方法可以提供一种交互式的评估过程，因此，将大数据与鲁棒有序回归方法相结合，可以设计出一种新型的能力评估框架，来解决上述两方面的问题。本章以大数据为基础，结合鲁棒有序回归方法，从评估指标、评估模型和评估方法 3 个层次阐述了基于大数据的新型能力评估框架。

2.1　典型的大数据

随着我军信息化建设的不断深入，尤其是以训练基地为依托，以实兵交战系统为基础开展实兵对抗演习以来，我军的训练演习数据工程建设也在逐步推进[148]。训练演习数据工程建设的最大成果就是积累了具备大数据特性的军事训练演习数据。从演习组织过程的角度可以将训练演习数据分为基础数据、实况数据和历史数据 3 个类别。

演习过程通常包括演习准备阶段、演习实施阶段和演习结束阶段。在演习准备阶段，部队编制、武器装备等基础数据主要用于支持演习的各项准备工作；在演习实施阶段，实兵交战系统以及各类配套的数据采集设备会采集大量的演习实况数据；演习结束以后，将基础数据和实况数据进行整合、加工并归档形成历史数据。值得注意的是，对历史数据的分析挖掘得到的结果可以进一步丰富完善下一场演习需要用到的基础数据。

演习历史数据包含了演习的视频、音频、文本、格式化数据等多种类型的数据，体量巨大，但是价值密度较低。虽然历史数据不具备时效性，但演习实况数据的采集过程对于处理速度的要求是非常高的。因此，可以说演习历史数据具备了大数据的 4V 特征。张宏军和郝文宁[149]指出，由于演习大数据存在体系杂、维度高等特征，其存储、管理和使用都存在较多的困难。为此，他们提出以作战行动为线索对演习大数据进行编辑。将一场演习作为一个样本来进行分析挖掘不具备可行性，因此需要从更细的粒度来对演习大数据进行分析，这刚好与他们的论述相契合。

作战行动是作战实体在特定战场环境中最基本的战斗行为，是构成作战任务的最基本元素，也是作战任务执行过程中具有明确军事意义的不可分或不必要再分的原子动作。因此，以作战行动作为线索，对演习大数据进行预处理和重组织可以有效促进对演习大数据的分析挖掘效率和效果。从作战行动的视角，演习大数据可以分为战场环境数据、作战实体数据、行动属性数据和行动效果数据四大类。

战场环境数据指的是会对作战行动效果产生影响的地理、天候气象等自然环境数据和社情、核生化、网络、电磁等人为环境数据。作战实体数据主要是指作战行动中的人、装、物、设的基本信息。行动属性数据是指在特定战场环境下，对各种指挥、作战与保障进行描述的定量数据。行动效果数据主要描述机动、指控、保障、防护、毁伤等作战行动效果。行动效果数据的取值除取决于部队作战能力外，也受战场环境数据、作战实体数据、行动属性数据的影响。以战场机动行动的其中一个行动效果——机动速度为例，其不仅受到武器装备本身机动性能的影响，也受到机动队形、敌方火力、地形、天气、土质等因素的影响。为简便起见，下文将战场环境数据、行动属性数据和作战实体数据三类数据统称为作战行动基础因素数据。

在很多基于仿真的评估方法中，作战行动效果数据往往被直接作为评估指标体系中的基本指标的取值来使用，而这些效果数据的产生条件（战场环境数据、作战实体数据、行动属性数据）却被忽略了。目前的演习数据具备了数据量大、数据结构和关系复杂等大数据特点，作战行动效果是部队作战能力与复杂的战场条件环境综合作用的结果。因此，基于演习大数据进行作战能力评估必须对演习大数据进行分析挖掘，提取出影响作战行动效果的关键要素，并分析这些要素对于作战能力发挥的具体影响。

2.2　能力评估框架确定

基于大数据的能力评估仍采用图1-1所描述的能力评估操作流程，主要的创新体现在评估数据的搜集处理和评估模型的确定上。对评估数据的搜集处理主要从大数据出发，解决基本指标值的确定问题。评估模型的确定一方面要选择所使用的评估模型，另一方面要确定模型中用到的参数。

2.2.1　基本指标值的确定

前文已经提到，直接使用行动效果数据作为基本指标值是不合理的。为了体现基础因素数据对行动效果数据的影响，本书设计了图2-1所示的基本指标值的确定过程。

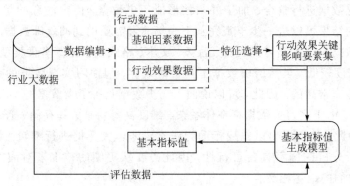

图 2-1　基本指标值的确定过程

在图 2-1 中，首先对行业大数据进行编辑，得到行动数据集。数据编辑的方法和过程借鉴张宏军和郝文宁[149]的研究成果，主要的步骤包括数据编码、数据预处理、作战行动流程定义、数据关联处理以及数据入库。

基础因素数据包含了多方面的信息，其维度非常高，基于完整的基础因素数据集对基本指标值进行分析挖掘的难度非常大。因此，在分析基本指标值生成模型之前首先要确定对行动效果影响较大的关键要素集合，对基础因素数据集进行压缩。确定行动效果关键影响要素需要遵循 3 条原则：① 确定的关键影响要素必须与行动效果高度相关；② 确定的关键影响要素之间尽可能低度相关；③ 在确保关键影响要素集与行动效果的相关性的基础上，应该使集合的规模尽可能小。确定关键影响要素集的过程可以抽象化为一个有监督的特征选择问题。

令 D 表示行动数据集，F 表示对行动效果产生影响的基础因素的集合，F 中的每个因素 f 对应一个特征，C 表示行动效果的集合，其中的每一个效果指标 c 可以视为特征选择问题中的类别属性。这样，确定行动效果 c 的关键影响要素就是从特征集合 F 中，选择一个特征子集 S，使得 S 与 c 具有高度的相关性，该问题可以形式化为

$$S = \arg\max_{T \subseteq F,\, |T| \leqslant K} \delta(T, c) \qquad\qquad (2-1)$$

其中，K 是一个预先定义的阈值，表示所选特征子集规模的上限；$\delta(T, c)$ 表示特征子集 T 与类别 c 之间的相关性。有关特征选择算法的具体设计与实现将在第 3 章进行详细论述。

确定了行动效果关键影响要素以后，需要构建基本指标值的生成模型。基本指标值的生成模型是如下的一个映射函数：

$$g: [S, C] \to I \qquad\qquad (2-2)$$

其中，S 表示关键影响要素集；C 表示行动效果集；I 表示基本指标值。

基本指标值生成模型可以有多种表现形式，如专家经验、表达式形式、规则形式、学习模型等，如图 2-2 所示。专家可以基于自身经验直接结合基础因素数据为行动效果数据打分，得到基本指标值，这种方法对专家的要求较高，而且随着基础因素数据集中属性数目的增多，难度会进一步增大，得到结果的可信度会大打折扣。表达式形式的模型试图探索行动效果数据与基本指标值之间的函数关系，常见的有线性回归模型、非线性回归模型、Logistic 回归模型和方差分析等。规则形式的模型旨在将基本指标值的确定方法定义为一系列"If…Then…"的规则，比较常见的是基于粗糙集和决策树的模型。表达式形式的模型和规则形式的模型比较符合人的认知习惯，模型具备较好的可解释性，但是随着问题的复杂化和不确定的增加，这两类模型都比较容易陷入过拟合。学习模型则是以历史数据为样本，对支持向量机和神经网络等机器学习模型进行训练，然后基于训练得到的学习模型产生基本指标值。学习模型具有非常强的表示能力和泛化能力，但是由于模型本身是一个"黑箱"，可解释性较差。上述各类模型都有其优缺点和适用范围，具体选用哪种形式的模型需要具体问题具体分析。

行动效果关键影响要素在基本指标值的确定过程中的作用非常关键，因此，设计一个高效实用的特征选择算法是本书需要重点解决的一个问题。

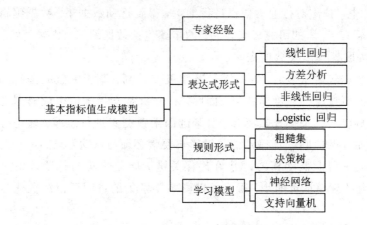

图 2-2　基本指标值生成模型

2.2.2　评估模型的确定

能力评估涉及非常多的基本指标，科学有效地对这些基本指标进行组织、聚合是进行科学评估的前提。因此，选用的评估模型一方面要能够体现指标之间的层次关系，通过逐级分解的方式对能力进行解析；另一方面还要考虑指标之间的关联关系，在对指标进行聚合时将这种关联关系的影响体现在模型中。基于上述考虑，本书将 Choquet 积分和多准则层次过程（MCHP）相结合作为能力的评估模型。

1. Choquet 积分

定义 2-1　模糊测度（Fuzzy Measure）是定义在指标集 $G = \{g_1, g_2, \cdots, g_n\}$ 上的幂集 2^G 上的一个函数 $\mu : 2^G \rightarrow [0, 1]$，$\mu$ 满足以下两个约束条件。

（1）规范化约束：$\mu(\varnothing) = 0$，$\mu(G) = 1$。

（2）单调性约束：$S \subset T \subset G \Rightarrow \mu(S) \leqslant \mu(T)$。

模糊测度也称为容度（Capacity），$\mu(S)$ 可以看作是指标集 S 的重要性。

定义 2-2　模糊测度的莫比乌斯表示形式为

$$\mu(S) = \sum_{T \subseteq S} m(T) \tag{2-3}$$

其中，$m(T)$ 满足：① $m(T) = \sum_{V \subseteq T} (-1)^{|T \backslash V|} \mu(V)$；② $m(\varnothing) = 0$；$\sum_{T \subseteq G} m(T) = 1$；③ $\forall g_i \in G$，$S \subseteq G \backslash \{g_i\}$，$\sum_{T \subseteq S} m(T \cup \{g_i\}) \geqslant 0$。

定义 2-3　一个模糊测度 μ 是可加的，当且仅当满足以下条件：

$$\mu(S \cup T) = \mu(S) + \mu(T)，\forall S, T \subseteq G, S \cap T = \varnothing$$

定义 2-4　令 A 为待评估对象的集合，对象 $a \in A$ 在模糊测度 μ 上的 Choquet 积分（Choquet Integral）为

$$C_\mu(a) = \sum_{i=1}^{n} \left[g_{(i)}(a) - g_{(i-1)}(a) \right] \mu(A_i) \tag{2-4}$$

其中，$g_{(1)}(a)$，$g_{(2)}(a)$，$\cdots$，$g_{(n)}(a)$ 表示 a 在不同指标上取值的一个排列，$g_{(1)}(a) \leqslant g_{(2)}(a) \leqslant \cdots \leqslant g_{(n)}(a)$，$A_i = \{g_{(i)}, \cdots, g_{(n)}\}$，$g_{(0)}(a) = 0$。

Choquet 积分是对象 a 在指标集 G 上的整体表现的度量，考虑了不同指标之间的关联关系。相比于加性效用函数，以 Choquet 积分作为效用度量能够更好地体现评估问题的复杂性。

公式(2-4)可以等价地表示为

$$C_\mu(a) = \sum_{i=1}^{n} \left[\mu(A_i) - \mu(A_{i+1}) \right] g_{(i)}(a) \qquad (2-5)$$

其中，$A_{n+1} = \varnothing$，$\mu(A_{n+1}) = 0$。

当模糊测度使用莫比乌斯表示形式时，待评估对象 a 的 Choquet 积分可以表示为

$$C_\mu(a) = \sum_{T \subseteq G} m(T) \min_{g_i \in T} g_i(a) \qquad (2-6)$$

从公式(2-6)可以看出，使用莫比乌斯表示形式计算 Choquet 积分时，无须对指标取值进行排序。

若 μ 是可加的，那么 $\mu(S) = \sum_{g_i \in S} \mu(\{g_i\})$，此时 Choquet 积分的计算只需求解 $|G| = n$ 个参数，若 μ 不是可加的，则需要求解 $2^{|G|} - 2$ 个参数。

模糊测度称为 k 可加(k—additive)，如果 $m(T) = 0$，$\forall T \subseteq G$，$|T| > k$。当 $k = 1$ 时，就可以得到前文提到的可加的模糊测度。从计算复杂度的角度，通常考虑 $k = 2$ 的情况。

在 2 可加的条件下，模糊测度可以化简为

$$\mu(S) = \sum_{g_i \in S} m(\{g_i\}) + \sum_{\{g_i, g_j\} \subseteq S} m(\{g_i, g_j\}) \qquad (2-7)$$

且莫比乌斯表示满足如下性质：

$$\begin{cases} m(\varnothing) = 0, \quad \sum_{g_i \in T} m(\{g_i\}) + \sum_{g_i, g_j \in T} m(\{g_i, g_j\}) = 1 \\ m(\{g_i\}) + \sum_{g_j \in T} m(\{g_i, g_j\}) \geqslant 0, \quad \forall g_i \in G, \ \forall T \subseteq G \backslash \{g_i\} \end{cases} \qquad (2-8)$$

Choquet 积分可以表示为

$$C_\mu(a) = \sum_{g_i \in G} m(\{g_i\}) g_i(a) + \sum_{\{g_i, g_j\} \subseteq G} m(\{g_i, g_j\}) \min\{g_i(a), g_j(a)\} \qquad (2-9)$$

定义 2-5　在模糊测度 μ 下，单个指标 g_i 的重要性指数(Importance Index)为

$$\varphi(\{g_i\}) = \sum_{T \subseteq G \backslash \{g_i\}} \frac{(|G \backslash T| - 1)! \ |T|!}{|G|!} \cdot \left[\mu(T \cup \{g_i\}) - \mu(T) \right] \qquad (2-10)$$

重要性指数也称为夏普利值(Shapley Value)。

定义 2-6　在模糊测度 μ 下，两个指标 g_i 和 g_j 之间的关联系数(Interaction Index)为

$$\varphi(\{g_i, g_j\}) = \sum_{T \subseteq G \backslash \{g_i, g_j\}} \frac{(|G \backslash T| - 2)! \ |T|!}{(|G| - 1)!} \cdot \tau(T, g_i, g_j) \qquad (2-11)$$

其中，$\tau(T, g_i, g_j) = \mu(T \cup \{g_i, g_j\}) - \mu(T \cup \{g_i\}) - \mu(T \cup \{g_j\}) + \mu(T)$。

关联系数反映了两个指标之间的关联关系，若 $\varphi(\{g_i, g_j\}) > 0$，则指标 g_i 和 g_j 之间存在正向关联，它们起到互相增强的效果；若 $\varphi(\{g_i, g_j\}) = 0$，则指标 g_i 和 g_j 是相互独立的，互相不产生影响；若 $\varphi(\{g_i, g_j\}) < 0$，则指标 g_i 和 g_j 之间存在负向关联，它们起到互相抑制的效果。

在 2 可加的条件下：

$$\varphi(\{g_i\}) = m(\{g_i\}) + \frac{1}{2} \sum_{g_j \in G \setminus \{g_i\}} m(\{g_i, g_j\}) \tag{2-12}$$

$$\varphi(\{g_i, g_j\}) = m(\{g_i, g_j\}) \tag{2-13}$$

当采用 2 可加模糊测度时，以 Choquet 积分作为效用函数需要求解 $\frac{n(n+1)}{2}$ 个参数，其中包括 n 个 $m(\{g_i\})$、$\frac{n(n-1)}{2}$ 个 $m(\{g_i, g_j\})$。

2. 多准则层次过程

Corrente 等人[124]于 2012 年首先提出了 MCHP 方法，他们指出层次结构的指标相对于非层次化结构存在以下优点。

（1）层次化结构可以对复杂的问题进行分解，有助于对问题的理解和把握。

（2）在每个层次上都有相应的评估结果，可以帮助评估者为决策者提供更好的意见和建议。

（3）专家在提供评估参考信息时有更大的自由度，不仅可以提供待评估对象之间的全局偏好关系，也可以提供在某个层次上的偏好关系。

MCHP 方法将指标划分为 l 个层次，如图 2-3 所示。第一层的指标称为顶级指标，每个顶级指标都有自己的下级指标树，第 l 层指标为树的叶节点，称为基本指标。从图论的角度来看，整个指标体系构成了一个森林。

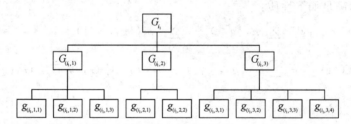

图 2-3　MCHP 指标结构示意图

图 2-3 为一个只有一个顶级指标的指标体系结构。为了更清楚地阐述 MCHP 的相关理论，首先进行如下符号约定。

$A = \{a, b, c, \cdots\}$ 表示待评估对象的集合。

l 表示层次结构的层数，在图 2-3 中，$l = 3$。

G 表示所有层次的所有指标的集合。

I_G 表示指标索引的集合，在图 2-3 中，$I_G = \{(i_1), (i_1, 1), \cdots, (i_1, 1, 1), \cdots, (i_1, 3, 4)\}$。

N^h 表示第 h 层指标索引的集合，在图 2-3 中，$N^2 = \{(i_1, 1), (i_1, 2), (i_1, 3)\}$。

m 表示根节点（最高层指标）的数目。

$G_r \in G$，$r = (i_1, i_2, \cdots, i_h) \in I_G$ 表示根节点 G_{i_1} 在第 h 层中的一个子指标。

$n(r)$ 表示指标 G_r 的直接下级中包含的指标数目，在图 2-3 中，$n((i_1, 3)) = 4$。

g_t，$t = \{i_1, i_2, \cdots, i_l\} \in I_G$ 表示根节点 G_{i_1} 在第 l 层中的一个子指标，也称为基本指标。

$EL = \{t = (i_1, i_2, \cdots, i_l) \in I_G\}$ 表示所有基本指标的索引的集合，其中

$$\begin{cases} i_1 = 1, \cdots, m \\ i_2 = 1, \cdots, n(i_1) \\ \vdots \\ i_l = 1, \cdots, n(i_1, \cdots, i_{l-1}) \end{cases}$$

$n = |EL|$ 表示基本指标的数目，在图 2-3 中，$n = 9$。

$E(G_r) = \{(r, i_{h+1}, \cdots, i_l) \in I_G\}$ 表示隶属于指标 G_r 的基本指标的索引的集合，其中

$$\begin{cases} i_{h+1} = 1, \cdots, n(r) \\ \vdots \\ i_l = 1, \cdots, n(r, i_{h+1}, \cdots, i_{l-1}) \end{cases}$$
，在图 2-3 中，$E(G_{(i_1, 2)}) = \{(i_1, 2, 1), (i_1, 2, 2)\}$。

令 $F \subseteq G$，$E(F) = \bigcup\limits_{G_r \in F} E(G_r)$ 表示隶属于指标子集 F 中所有指标的基本指标的集合，在图 2-3 中，$E(\{G_{(i_1, 1)}, G_{(i_1, 2)}\}) = \{(i_1, 1, 1), (i_1, 1, 2), (i_1, 1, 3), (i_1, 2, 1), (i_1, 2, 2)\}$。

对于 $G_r \in G$，$r \in I_G \cap N^h$，$l > h \geqslant 1$，$G_r^k = \{G_{(r, w)} \in G \mid (r, w) \in I_G \cap N^k\}$，$l \geqslant k > h$ 表示指标 G_r 在第 k 层的子指标的集合。在图 2-3 中，$G_{(i_1, 2)}^3 = \{g_{(i_1, 2, 1)}, g_{(i_1, 2, 2)}\}$。

不失一般性地，假设所有待评估对象在基本指标上的取值都是实数，且 $g_t(a) \geqslant g_t(b)$ 表示待评估对象 a 在基本指标 g_t 上的表现不劣于对象 b。类似地，$a \succsim_r b$ 表示在指标 G_r 上，待评估对象 a 不劣于对象 b。

在 MCHP 中，仍采用 Choquet 积分作为效用度量指标。待评估对象在所有指标上的整体表现可以直接使用公式(2-4)、公式(2-5)或公式(2-6)来计算得到。本小节剩余部分重点讨论中间层指标的 Choquet 积分，以及相应的指标重要性指数和关联系数的计算方法。

定义 2-7　令 G_r 是第 $h (h < l)$ 层的一个指标，G_r^k 是 G_r 在第 $k (h < k \leqslant l)$ 层的子指标的集合，则 G_r^k 的幂集上的模糊测度 $\mu_r^k : 2^{G_r^k} \to [0, 1]$ 为

$$\mu_r^k(F) = \frac{\mu(E(F))}{\mu(E(G_r))}, \ F \subseteq G_r^k \tag{2-14}$$

其中，μ 是定义在基本指标集的幂集上的模糊测度。容易证明 μ_r^k 满足模糊测度的规范化约束和单调性约束。

定义 2-8　待评估对象 a 在指标 G_r 上的 Choquet 积分为

$$C_{\mu_r}(a) = \frac{C_\mu(a_r)}{\mu(E(G_r))} \tag{2-15}$$

其中，μ_r 是 μ_r^l 的简写；a_r 是一个虚构的待评估对象，满足：① $g_s(a_r) = g_s(a)$，$s \in E(G_r)$；② $g_s(a_r) = 0$，$s \notin E(G_r)$。

定义 2-9　指标 G_r 在第 k 层的一个子指标 $G_{(r, w)}$ 相对于 G_r 的重要性指数为

$$\varphi_r^k(G_{(r, w)}) = \sum_{T \subseteq G_r^k \backslash \{G_{(r, w)}\}} \frac{(|G_r^k \backslash T| - 1)! \ |T|!}{|G_r^k|!} \cdot [\mu_r^k(T \cup \{G_{(r, w)}\}) - \mu_r^k(T)] \tag{2-16}$$

定义 2-10　指标 G_r 在第 k 层的两个子指标 $G_{(r, w_1)}$、$G_{(r, w_2)}$ 相对于 G_r 的关联系数为

$$\varphi_r^k(G_{(r,\,w_1)},\,G_{(r,\,w_2)}) = \sum_{T \subseteq G_r^k \setminus \{G_{(r,\,w_1)},\,G_{(r,\,w_2)}\}} \frac{(|G_r^k \setminus T| - 2)! \, |T|!}{|G_r^k|!} \cdot \tau_r^k(T,\,G_{(r,\,w_1)},\,G_{(r,\,w_2)})$$

$$(2-17)$$

其中，$\tau_r^k(T,\,A,\,B) = \mu_r^k(T \cup \{A,\,B\}) - \mu_r^k(T \cup \{A\}) - \mu_r^k(T \cup \{B\}) + \mu_r^k(T)$。

在 2 可加的前提下，第 k 层指标 $G_{(r,\,w)}$ 相对于其父指标 G_r 的重要性指数为

$$\varphi_r^k(G_{(r,\,w)}) = \frac{\displaystyle\sum_{t \in E(G_{(r,\,w)})} m(g_t) + \sum_{t_1,\,t_2 \in E(G_{(r,\,w)})} m(g_{t1},\,g_{t2}) + \sum_{\substack{t_1 \in E(G_{(r,\,w)}) \\ t_2 \in E(G_r^k \setminus (G_{(r,\,w)}))}} \frac{m(g_{t1},\,g_{t2})}{2}}{\mu(E(G_r))}$$

$$(2-18)$$

相应地，第 k 层指标 $G_{(r,\,w_1)}$、$G_{(r,\,w_2)}$ 相对于其父指标 G_r 的关联系数为

$$\varphi_r^k(G_{(r,\,w_1)},\,G_{(r,\,w_2)}) = \frac{1}{\mu(E(G_r))} \sum_{\substack{t_1 \in E(G_{(r,\,w_1)}) \\ t_2 \in E(G_{(r,\,w_2)})}} m(g_{t1},\,g_{t2}) \qquad (2-19)$$

从公式(2-15)～公式(2-19)可以看出，将 MCHP 与 Choquet 积分相结合并不需要额外的参数，但却可以为决策者提供丰富的信息。

在上述论述的基础上，待评估对象之间的偏好关系可以进行如下形式化的描述。

(1) 待评估对象 a 的整体表现不劣于对象 b：$a \succeq b \Leftrightarrow C_\mu(a) \geqslant C_\mu(b)$。

(2) 待评估对象 a 在指标 G_r 上的表现不劣于对象 b：$a \succeq_r b \Leftrightarrow C_{\mu_r}(a) \geqslant C_{\mu_r}(b)$。

2.2.3　交互式评估过程

在确定了基本指标值以及评估模型以后，需要解决的另一个重要问题就是确定评估模型参数的取值。在采用 MCHP 和 Choquet 积分相结合作为评估模型，同时只考虑 2 可加模糊测度的条件下，模型中需要确定的参数数目为 $\dfrac{n(n+1)}{2}$ 个。

评估模型的参数确定方法通常包括两类，一类是领域专家直接给出参数的取值，另一类是专家提供一些间接信息，然后通过相关的模型或算法推断参数的取值。专家直接为评估模型参数赋值在诸如作战能力评估等比较复杂的评估问题中通常是不可行的，因此本书采用鲁棒有序回归(ROR)方法从专家提供的参考信息中推断评估模型的参数。

图 2-4 给出了基于 ROR 方法确定评估模型参数的基本过程。首先，领域专家在辅助生成方法的帮助下提供评估参考信息。这些参考信息在评估模型的框架内可以转化为对模型参数的约束条件，将这些约束条件组合起来可以形成一个评估模型参数的可行域，若可行域为空，则说明专家提供的参考信息之间存在自相矛盾之处。Greco 等人[114]设计了一个线性规划模型可以精确定位到引起不一致的参考信息，并将这些不一致反馈给领域专家，专家依据这些信息对参考信息进行修正。若参考信息是一致的，则可以通过鲁棒有序回归模型得到"必然"和"可能"两类偏好关系。"必然"和"可能"偏好关系可以作为专家进一步提供新的参考信息或修正原有参考信息的重要依据。这样，整个评估模型参数的确定过程就是一个循环交互式的过程。经过充分的交互迭代以后，若评估参数值仍然不唯一，则可以引入最具代表性的模型参数选择方法，选择最具代表性的一组参数作为最终的评估模型参

数使用。

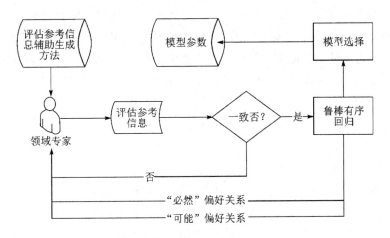

图 2-4　基于 ROR 方法确定评估模型参数的基本过程

在基于特定行业大数据进行能力评估的过程中，主要涉及领域专家、数据分析人员和评估人员三类角色。这三类角色的任务划分以及交互关系如图 2-5 所示。领域专家主要负责为数据分析人员提供必要的领域知识，以及为评估人员提供评估参考信息。数据分析人员的主要职责是对大数据进行分析挖掘，除了得到基本指标值，还可以将数据分析结果提供给领域专家，辅助他们提供参考信息。评估人员的主要任务是确定评估模型的参数，并完成评估。评估过程的许多中间结果，如"必然"和"可能"偏好关系等可以反馈给领域专家和数据分析人员。经过三类人员的不断交互，可以有效提高评估结果的客观性和鲁棒性。

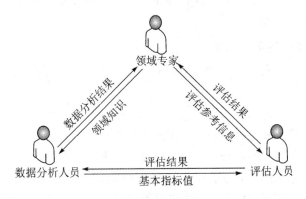

图 2-5　不同角色的交互流程

2.2.4　评估参考信息辅助生成方法

在 2.2.3 小节中已经提到，领域专家在提供评估参考信息时需要评估参考信息辅助生成方法的协助，本节主要介绍两类可用的评估参考信息辅助生成方法。评估参考信息主要是待评估对象之间的偏好关系，以及待评估对象在不同指标上的偏好关系的集合，因此，评估参考信息辅助生成方法的目标就是识别出潜在的各类偏好关系。

1. 多准则聚类算法

令 $A = \{a_1, a_2, \cdots, a_m\}$ 为一组待评估对象的集合，多准则聚类的任务就是将 A 划分

到 K 个互不相交的簇 C_1，C_2，…，C_K 中，得到的簇需满足 3 个条件：① $C_1\cup C_2\cup\cdots\cup C_K=A$；② $\forall i\neq j$，$C_i\cap C_j=\varnothing$；③ $C_1\succ C_2\succ\cdots\succ C_K$。多准则聚类与传统聚类的最大区别在于簇需要满足条件③，$C_i\succ C_j$ 表示簇 C_i 中的对象都优于簇 C_j 中的对象。

由于有了上述条件③的限制，传统聚类算法中相似度的计算方法对于多准则聚类方法就不再适用。为了应对多准则聚类的特殊需求，De Smet 等人[150]将经典的 K-Means（K 均值）算法进行了扩展，为每个对象 a_i 定义一个四元组 $\langle J(a_i)，P^-(a_i)，I(a_i)，P^+(a_i)\rangle$，$J(a_i)$ 表示与 a_i 不可比较的对象的集合，$P^-(a_i)$ 表示劣于 a_i 的对象的集合，$I(a_i)$ 表示与 a_i 无显著差别的对象的集合，$P^+(a_i)$ 表示优于 a_i 的对象的集合，算法通过比较四元组的相似度来计算两个对象的相似度。De Smet 等人[151]进一步讨论了如何确定得到的簇之间的偏好关系。De Smet 等人[152]首先构建待聚类对象的偏好关系矩阵 π，π_{ij} 表示 a_i 优于 a_j 的程度，然后分析了良好的聚类应满足的特性以及不恰当的聚类可能带来的两种不一致情况，最后将多准则聚类问题转化为一个优化问题，通过最小化不一致性得到最终的聚类结果。Rocha 等人[153]采用了与 De Smet 等人[152]类似的思路，定义了 3 种不一致性，也是通过最小化不一致性完成聚类。除了上述经典算法，Fernandez 等人[154]提出了一种基于无差别关系的多准则聚类算法，Chen 等人[155]通过结合 PROMETHEE 方法和 K 均值算法实现了多准则聚类。从上述论述可以看出，现有的多准则聚类算法主要包括两种类型：一种是重新定义对象之间的相似度，另一种是将聚类问题转化为最小化不一致性的优化问题。

由于多准则聚类得到的簇之间存在偏好关系，因此领域专家可以依据聚类结果，为评估人员提供参考信息。多准则聚类除了在整体指标集上进行，也可以在任意中间层指标上进行。此外，领域专家还可以为聚类过程提供相关的领域知识，通过有约束的多准则聚类生成可信度更高的参考信息。

2. 基于两两比较的方法

基于两两比较的方法是多准则决策领域的常用方法，其中最具代表性和使用最普遍的是层次分析法。

令 $A=\{a_1，a_2，\cdots，a_n\}$ 为一组待评估对象，基于两两比较的方法将待评估对象两两之间进行比较，构造比较判断矩阵 $\boldsymbol{P}=[p_{ij}]_{n\times n}$，其中 p_{ij} 表示待评估对象 a_i 相对于对象 a_j 的偏好程度，然后从两两比较矩阵出发，计算各待评估对象的相对重要程度。基于两两比较的方法操作简单，易于执行，但也存在以下几个问题：① 基于两两比较的方法得到的结果容易受主观因素的干扰；② 随着待评估对象的增多，比较判断矩阵 $\boldsymbol{P}$ 的一致性难以保证；③ 通常 p_{ij} 采用"1-9"比率标度来度量偏好强度，但比率标度有时无法正确反映人的认知。

虽然基于两两比较的方法存在上述几个问题，但本书仍选用其作为评估参考信息的主要辅助生成方法，除因为其简单易操作外，还有以下 3 个理由：① 虽然基于两两比较的方法得到的结果具有一定的主观性，但是本书使用它的目的是辅助专家提供评估参考信息，其结果并不作为评估的最终结论，专家可以从结果中挑选比较确信的部分作为评估参考信息；② 本书引入差值标度来度量两两之间的偏好强度，并借鉴最优最劣方法（BWM）的思想，提出了认知最优最劣方法（CBWM），可以有效克服问题②和③的影响；③ 本书还将差值标度与 BWM 的思想推广到了不确定性条件下，使用区间数来表示专家对复杂问题的不确定性,提出了区间认知网络过程(I-CNP)和区间最优最劣方法(IBWM),使基于两两比较的方法的适用范围进一步扩大。有关此处提到的方法的具体实现,会在后续章节进行详细论述。

2.2.5　能力评估框架

基于上述的讨论,本书提出了图 2-6 所示的基于演习大数据的部队作战能力评估框架。评估框架包括了评估指标、评估模型和评估方法 3 个层次。

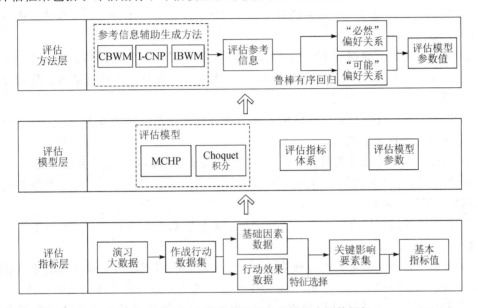

图 2-6　基于演习大数据的部队作战能力评估框架

在评估指标层首先以作战行动为视角对大数据进行编辑,形成行动数据集,并区分出行动效果数据和基础因素数据,然后通过特征选择算法确定作战行动效果关键影响要素集,最后采用 2.2.1 小节中的相关方法,确定基本指标的取值。

在评估模型层,确定采用 MCHP 和 Choquet 积分相结合作为评估模型,借助 MCHP 理论构建指标的层次结构,形成层次化评估指标体系,同时,确定了评估模型以后还要明确其中需要确定的参数。

在评估方法层,主要完成两方面的工作:一是通过 CBWM、I-CNP 以及 IBWM 方法,分析待评估对象之间的偏好关系以及待评估对象在不同指标上的偏好关系,辅助领域专家提供评估参考信息;二是通过鲁棒有序回归方法从评估参考信息中分析"必然"和"可能"两类偏好关系,并最终确定评估模型参数的取值。

2.2.3 小节中提出的交互式评估过程实现了 3 个层次的紧密关联。

该框架的科学性和创新性主要体现在以下几个方面。

(1)从大数据中挖掘基本指标值,有效提高了评估支撑数据的可信度。

(2)所选用的评估模型既能够对能力进行逐层分解,又能够体现指标之间的关联性,可以有效应对能力评估的复杂性。

(3)基于鲁棒有序回归方法,采用交互迭代的方式确定评估模型的参数,有效减少了人为因素的干扰。

（4）通过相关方法辅助专家提供评估参考信息，一方面可以减轻专家的负担，另一方面可以提高评估参考信息的质量。

以上述评估框架为基础进行能力评估，可以有效确保基本指标数据来源可信，评估过程动态可交互，从而使评估结果具备较高的客观性和可信度。

2.3 本 章 小 结

本章从宏观层面上阐述了本书的基本思路、基本理论和基本观点，具体的工作主要包括以下几点。

（1）对典型行业大数据基本情况进行了概述，梳理了典型大数据的分类体系，描述了以作战行动为视角对大数据进行编辑得到的行动数据集，并进一步将行动数据集划分为基础因素数据集和行动效果数据集。

（2）提出了包括评估指标、评估模型和评估方法 3 个层次的部队作战能力评估框架，明确了每个层次中的主要任务。

（3）设计了以特征选择为基础，从大数据中挖掘基本指标值的方法和基本流程。

（4）确定了以 MCHP 和 Choquet 积分相结合作为评估模型，总结了在 2 可加模糊测度下需要确定的模型参数。

（5）提出了通过鲁棒有序回归方法确定评估模型参数的交互式过程，明确了三类角色的交互形式和交互内容。

（6）分析了将多准则聚类方法和基于两两比较的方法用于辅助生成评估参考信息的可行性，并确定以 CBWM、I-CNP 和 IBWM 方法作为本书生成评估参考信息的工具。

本章提出的新型能力评估框架以大数据为基础，有效确保了支撑评估的数据的可信度，同时，借助鲁棒有序回归理论，数据分析人员、评估人员与领域专家可以通过不断交互的方式来确定评估模型的参数，进而有效减少人为因素对评估结果的干扰，提高评估结果的客观性和可信度。

第 3 章

行动效果关键影响要素分析

在行动数据集中，基础因素数据包含了外部环境、系统实体、行动属性等多方面的信息，数据的维度非常高，为基本指标值的确定带来了很大困难。为了解决这个问题，需要将基础因素数据中对行动效果有明显影响的要素提取出来，得到行动效果关键影响要素。提取行动效果关键影响要素的过程可以抽象为一个特征选择问题。基于互信息的过滤式特征选择算法是最常用的特征选择算法，但是该类算法通常会受到三方面问题的困扰：① 特征评价准则中的参数取值难以确定；② 特征之间的关联信息被忽略；③ 某些特征的重要性被高估。为了提高所提取的关键影响要素的质量，有必要探索新的特征选择算法，以便同时克服上述三方面的问题。本章借助划分的优良特性，提出了基于划分计算互信息的方法，并在此基础上设计了一个新的特征选择算法——FSMIP。

3.1　相关基本概念

3.1.1　信息论相关概念

1. 信息熵相关概念

令 $X = (x_1, x_2, \cdots, x_n)$ 为一个离散型随机变量，$p(x_i)$ 表示取值为 x_i 的概率，则随机变量 X 的熵定义为

$$H(X) = -\sum_{i=1}^{n} p(x_i)\log(p(x_i)) \tag{3-1}$$

其中，对数的底数为 2。熵的概念最早由香农（Shannon）提出，主要用于度量随机变量取值的不确定性。熵越大，变量取值的不确定性越大，变量包含的信息也越多。当 $p(x_i) = \dfrac{1}{n}$，$i = 1, 2, \cdots, n$ 时，X 的熵取得最大值，此时 $H(X) = \log n$。若存在 x_j，使得 $p(x_j) = 1$，则变量 X 的取值是确定的，其包含的信息量为 0，$H(X) = 0$。

对于两个随机变量 $X = (x_1, x_2, \cdots, x_n)$ 和 $Y = (y_1, y_2, \cdots, y_m)$，它们的联合熵定义为

$$H(X, Y) = -\sum_{i=1}^{n}\sum_{j=1}^{m} p(x_i, y_j)\log(p(x_i, y_j)) \tag{3-2}$$

其中，$p(x_i, y_j)$ 表示 X 和 Y 的联合概率分布。联合熵度量两个随机变量联合起来所包含的信息量。联合熵可以以类似的方式推广到任意数量的随机变量。

给定随机变量 $Y=(y_1, y_2, \cdots, y_m)$，随机变量 $X=(x_1, x_2, \cdots, x_n)$ 相对于 Y 的条件熵定义为

$$H(X \mid Y) = -\sum_{i=1}^{n}\sum_{j=1}^{m} p(x_i, y_j)\log(p(x_i \mid y_j)) \tag{3-3}$$

其中 $p(x_i \mid y_j)$ 表示已知 $Y=y_j$，$X=x_i$ 的条件概率。

根据上述定义，容易证明熵、联合熵和条件熵之间存在如下关系：

$$H(X \mid Y) = H(X, Y) - H(Y) \tag{3-4}$$

2. 互信息相关概念

两个随机变量 $X=(x_1, x_2, \cdots, x_n)$ 和 $Y=(y_1, y_2, \cdots, y_m)$ 之间的互信息定义为

$$\mathrm{MI}(X; Y) = \sum_{i=1}^{n}\sum_{j=1}^{m} p(x_i, y_j)\log\frac{p(x_i \mid y_j)}{p(x_i)} \tag{3-5}$$

互信息是度量两个随机变量相关性的常用指标，互信息取值越大表示 X 和 Y 之间的相关性越强，$\mathrm{MI}(X; Y)=0$ 表示 X 和 Y 相互独立。

互信息与信息熵存在如下关系：

$$\mathrm{MI}(X; Y) = H(X) - H(X \mid Y) \tag{3-6}$$

$$\mathrm{MI}(X; Y) = H(Y) - H(Y \mid X) \tag{3-7}$$

$$\mathrm{MI}(X; Y) = H(X) + H(Y) - H(X, Y) \tag{3-8}$$

$$\mathrm{MI}(X; X) = H(X) \tag{3-9}$$

给定随机变量 $Z=(z_1, z_2, \cdots, z_t)$，随机变量 $X=(x_1, x_2, \cdots, x_n)$ 和 $Y=(y_1, y_2, \cdots, y_m)$ 关于 Z 的条件互信息定义为

$$\mathrm{MI}(X; Y \mid Z) = \sum_{i=1}^{m}\sum_{j=1}^{n}\sum_{k=1}^{t} p(x_i, y_j \mid z_k)\log\frac{p(x_i, y_j \mid z_k)}{p(x_i \mid z_k)p(y_j \mid z_k)} \tag{3-10}$$

根据信息熵的定义可得：

$$\mathrm{MI}(X; Y \mid Z) = H(X \mid Z) - H(X \mid Y, Z) \tag{3-11}$$

随机变量 $X=(x_1, x_2, \cdots, x_n)$ 和 $Y=(y_1, y_2, \cdots, y_m)$ 与随机变量 $Z=(z_1, z_2, \cdots, z_t)$ 的联合互信息定义为

$$\mathrm{MI}(X, Y; Z) = \mathrm{MI}(X; Z \mid Y) + \mathrm{MI}(Y; Z) \tag{3-12}$$

根据链式法则，n 个随机变量 $X_1, X_2, \cdots, X_n$ 与随机变量 Y 之间的联合互信息为

$$\mathrm{MI}(X_1, X_2, \cdots, X_n; Y) = \sum_{i=1}^{n} \mathrm{MI}(X_i; Y \mid X_{i-1}, X_{i-2}, \cdots, X_1) \tag{3-13}$$

n 个随机变量 $X=\{X_1, X_2, \cdots, X_n\}$ 的关联信息定义为

$$I(X) = -\sum_{T \subseteq X}(-1)^{|X|-|T|} H(T) \tag{3-14}$$

关联信息也称关联增益或多元互信息，当 $|X|=2$ 时，关联信息就是互信息。关联信息既可以为正，也可以为负，还可以等于 0。关联信息为正表示 X 中随机变量的组合蕴含了单个随机变量所不能包含的信息；关联信息为负表示 X 中的随机变量之间存在相互冗余；

关联信息等于 0 表示 X 中的随机变量的组合与单个随机变量所蕴含的信息没有区别。

联合互信息与关联信息存在如下关系：

$$\mathrm{MI}(X \,;\, Y) = \sum_{T \subseteq X} I(T \cup Y) \qquad\qquad (3-15)$$

当 $|X|=3$ 时，关联信息称为 3 阶关联信息，令 $X=\{X, Y, Z\}$，则

$$I(\{X, Y, Z\}) = \mathrm{MI}(X, Y \,;\, Z) - \mathrm{MI}(X \,;\, Z) - \mathrm{MI}(Y \,;\, Z) \qquad (3-16)$$

$I(\{X, Y, Z\})$ 通常也记作 $I(X \,;\, Y \,;\, Z)$。

3.1.2　划分相关概念

令 D 表示一个数据集，$F=\{f_1, f_2, \cdots, f_n\}$ 表示 D 中所有特征的集合，$|D|$ 表示 D 中样本的数量，$t \in D$ 表示 D 中的一条样本，$t[f]$ 表示样本 t 在特征 f 上的取值。

样本 $t \in D$ 关于特征子集 $X \subseteq F$ 的等价类定义为

$$[t]_X = \{u \in D \mid u[f] = t[f], \ \forall f \in X\} \qquad\qquad (3-17)$$

t 的等价类就是在特征子集 X 与 t 的取值相同的样本的集合。

特征子集 $X \subseteq F$ 对数据集 D 的划分定义为

$$\pi_X = \{[t]_X \mid t \in D\} \qquad\qquad (3-18)$$

划分是一系列等价类的集合。根据等价类的定义可以得到，在特征子集 X 上，共有 $|\pi_X|$ 种不同的取值，$|\pi_X|$ 表示 π_X 中等价类的数目。令 c_i 表示 π_X 中的第 i 个等价类，$|c_i|$ 表示其中包含的样本数目，则 $|D| = \sum_{i=1}^{|\pi_X|} |c_i|$。

特征子集 $X \subseteq F$ 对数据集 D 的去一划分定义为

$$\hat{\pi}_X = \{c \in \pi_X \mid |c| > 1\} \qquad\qquad (3-19)$$

去一划分就是将划分中只包含一个样本的等价类删掉得到的结果。

令 $X, Y, Z \subseteq F$ 为 3 特征子集，满足 $Z = X \cup Y$，Z 的去一划分定义为 X 与 Y 的去一划分的积：

$$\hat{\pi}_Z = \hat{\pi}_X \cdot \hat{\pi}_Y \qquad\qquad (3-20)$$

Huhtala 等人[156] 提出了 STRRIPPED_PRODUCT 算法来根据 $\hat{\pi}_X$ 和 $\hat{\pi}_Y$ 计算 $\hat{\pi}_Z$。STRRIPPED_PRODUCT 算法的具体步骤如下所示。从算法的步骤不难看出，算法的时间复杂度为 $O(|D|)$，$|D|$ 为数据集中的样本数目。

算法：STRRIPPED_PRODUCT

输入：$\hat{\pi}_X = \left\{ c_1, c_2, \cdots, c_{|\hat{\pi}_X|} \right\}$，$\hat{\pi}_Y = \left\{ c'_1, c'_2, \cdots, c'_{|\hat{\pi}_Y|} \right\}$

输出：$\hat{\pi}_{X \cup Y}$

1.　　$\hat{\pi}_{X \cup Y} = \varnothing$

2.　　for $i = 1$ to $|\hat{\pi}_X|$ do

3.　　　for each $t \in c_i$ do $T[t] = i$

4.　　　$S[i] = \varnothing$

5.　　for $i = 1$ to $|\hat{\pi}_Y|$ do

---

6.   for each $t \in c'_i$ do

7.   if $T[t] \neq$ null then $S[T[t]] = S[T[t]] \cup \{t\}$

8.   for each $t \in c'_i$ do

9.   if $|S[T[t]]| \geqslant 2$ then $\hat{\pi}_{X \cup Y} = \hat{\pi}_{X \cup Y} \cup \{S[T[t]]\}$

10. $S[T[t]] = \varnothing$

11. for $i = 1$ to $|\hat{\pi}_X|$ do

12.   for each $t \in c_i$ do $T[t] =$ null

13. return $\hat{\pi}_{X \cup Y}$

例 3 - 1　本书引入该例子来对本小节中的相关概念进行说明。表 3 - 1 给出了一个包含 8 个样本、4 个特征的数据集。

表 3 - 1　样例数据集

样本 ID	A	B	C	D
t_1	a	b	b	b
t_2	c	d	c	f
t_3	b	c	b	d
t_4	b	b	a	c
t_5	b	b	a	a
t_6	c	d	b	a
t_7	c	c	a	e
t_8	a	a	a	a

样本 t_1 相对于特征子集 $\{A\}$ 的等价类为

$$[t]_{\{A\}} = \{t_1, t_8\}$$

表示样本 t_1 和 t_8 在特征子集 $\{A\}$ 上取值相同。特征子集 $\{A\}$ 对数据集的划分为

$$\pi_{\{A\}} = \{\{t_1, t_8\}, \{t_2, t_6, t_7\}, \{t_3, t_4, t_5\}\}$$

其中包含了 3 个等价类 $\{t_1, t_8\}$、$\{t_2, t_6, t_7\}$ 和 $\{t_3, t_4, t_5\}$，分别对应取值为 a、c 和 b。

类似地，

$$\pi_{\{B\}} = \{\{t_1, t_4, t_5\}, \{t_2, t_6\}, \{t_3, t_7\}, \{t_8\}\}$$

$$\pi_{\{C\}} = \{\{t_1, t_3, t_6\}, \{t_2\}, \{t_4, t_5, t_7, t_8\}\}$$

$$\pi_{\{D\}} = \{\{t_1\}, \{t_2\}, \{t_3\}, \{t_4\}, \{t_5, t_6, t_8\}, \{t_7\}\}$$

由于 $\pi_{\{B\}}$、$\pi_{\{C\}}$ 和 $\pi_{\{D\}}$ 中都包含只有一个样本的等价类，去掉这些等价类可以得到

$$\hat{\pi}_{\{B\}} = \{\{t_1, t_4, t_5\}, \{t_2, t_6\}, \{t_3, t_7\}\}$$

$$\hat{\pi}_{\{C\}} = \{\{t_1, t_3, t_6\}, \{t_4, t_5, t_7, t_8\}\}$$

$$\hat{\pi}_{\{D\}} = \{\{t_5, t_6, t_8\}\}$$

根据 STRRIPPED_PRODUCT 算法可以得到

$$\hat{\pi}_{\{AB\}} = \{\{t_4, t_5\}, \{t_2, t_6\}\}, \ \hat{\pi}_{\{AC\}} = \{\{t_4, t_5\}\}$$

$$\hat{\pi}_{\{AD\}} = \varnothing, \ \hat{\pi}_{\{BC\}} = \{\{t_4, t_5\}\}, \ \hat{\pi}_{\{BD\}} = \varnothing, \ \hat{\pi}_{\{CD\}} = \varnothing, \ \hat{\pi}_{\{ABC\}} = \{\{t_4, t_5\}\}$$

3.2　基于互信息的特征选择算法

确定行动效果关键影响要素的过程是一个有监督特征选择的过程。根据前面的论述，有监督特征选择算法的核心是确定合适的特征评价准则。在之前介绍的各类特征评价准则中，基于互信息的特征评价准则是使用最广泛的。本节主要总结常用的基于互信息的特征评价准则，并分析这些准则存在的问题。

在互信息的框架下，特征选择问题可以抽象为一个优化问题：

$$S_{\text{opt}} = \arg \max_{S \subseteq F} \text{MI}(S; C) \tag{3-21}$$

其中，S_{opt} 表示特征选择问题的最优解；F 表示特征全集；S 表示特征子集；C 表示类别属性；MI 表示互信息。

由于特征全集 F 共有 $2^{|F|}$（$|F|$ 表示特征全集中的特征数目）个特征子集，当数据集的维度比较高时，遍历搜索的复杂度会非常高，不具备可行性。为此，研究者多采用启发式或随机搜索策略来寻求近似最优解，其中，序列前向搜索算法是最常用的，其具体步骤如下。

算法：序列前向搜索算法

输入：特征全集 $F = \{f_1, f_2, \cdots, f_n\}$，所选择特征数目 k

输出：选出的特征子集 S

1.　$S = \varnothing$

2.　for $i = k$ do

3.　　$f_i = \arg \max_{f \in F \backslash S} J(S \cup \{f\}, C)$

4.　　$S = S \cup \{f_i\}$

5.　return S

序列前向搜索策略从空集开始，每次选择一个特征，使得评价准则最优，直到满足停止准则。

另一个需要解决的问题是互信息 $\text{MI}(S; C)$ 的计算。当 S 的规模逐渐扩大以后，直接计算互信息的复杂度会非常高，因此研究者们的关注点就是设计其他特征评估指标来近似达到 $\text{MI}(S; C)$ 对特征子集 S 的评估效果。下面列举一些比较典型的基于互信息的特征评价准则，这些准则都可以用于序列前向搜索算法，准则中的 f_i 表示当前被评估的特征，$f_i \in F \backslash S$。

3.2.1　MIFS

Battiti[89] 提出了基于互信息的特征选择算法（Mutual Information based Feature Selection，MIFS）。MIFS 的特征评价准则为

$$J_{\text{MIFS}} = \text{MI}(f_i; C) - \beta \sum_{f_j \in S} \text{MI}(f_i; f_j) \tag{3-22}$$

MIFS 的基本思想是每次新选择的特征应该与类尽可能相关，同时与已选择的特征产

生尽可能少的冗余。MIFS 以候选特征与类的互信息 $MI(f_i; C)$ 来度量相关性，以候选特征与已选择特征的互信息之和来衡量冗余性，以参数 β 来均衡相关性和冗余性。

3.2.2 MIFS-U

MIFS-U[90] 是 MIFS 的一个变形，考虑了信息均匀分布的情况，通过更好地估计特征与类的互信息来提升算法的性能。MIFS-U 使用的特征评价准则为

$$J_{\text{MIFS-U}} = MI(f_i; C) - \beta \sum_{f_j \in S} \frac{MI(f_j; C)}{H(f_j)} MI(f_i; f_j) \tag{3-23}$$

3.2.3 mRMR

mRMR[87] 的基本思路与 MIFS 相同，其使用的特征评价准则为

$$J_{\text{mRMR}} = MI(f_i; C) - \frac{1}{|S|} \sum_{f_j \in S} MI(f_i; f_j) \tag{3-24}$$

当 J_{MIFS} 中的参数 $\beta = \frac{1}{|S|}$ 时，MIFS 与 mRMR 完全相同。

3.2.4 NMIFS

NMIFS[157] 是对 MIFS 的规范化，对互信息的规范化可以避免其偏向取值比较多的特征，同时可以使互信息的取值在 $[0, 1]$ 之间。NMIFS 使用的特征评价准则为

$$J_{\text{NMIFS}} = MI(f_i; C) - \frac{1}{|S|} \sum_{f_j \in S} \frac{MI(f_i; f_j)}{\min\{H(f_i), H(f_j)\}} \tag{3-25}$$

3.2.5 MIFS-ND

MIFS-ND[92] 使用的特征评价准则为

$$J_{\text{MIFS-ND}} = c_i - d_i \tag{3-26}$$

MIFS-ND 使用与 MIFS 相同的相关性与冗余性的定义，并将 MIFS 中 β 的取值定为 $\frac{1}{|S|}$。MIFS-ND 分别使用相关性和冗余性对候选特征进行排序，其中 c_i 表示 f_i 在相关性排序中的排序值，d_i 表示 f_i 在冗余性排序中的排序值，MIFS-ND 选择使 $c_i - d_i$ 达到最大的特征。

3.2.6 JMI

JMI[158] 使用联合互信息来对特征进行评价，其特征评价准则为

$$J_{\text{JMI}} = \sum_{f_j \in S} MI(f_i, f_j; C) \tag{3-27}$$

JMI 确保了与已选择特征具有互补效应的特征有较大的概率被选中。若存在属性 $f_i \in F \setminus S$ 与 $f_j \in S$，使 $MI(f_i, f_j; C) = MI(f_j; C)$，即相对于 f_j，f_i 是完全冗余的，但是由于 JMI 采用联合互信息之和来对特征进行评估，f_i 的重要性会被高估。

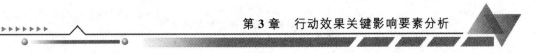

3.2.7　IGFS

IGFS[159] 使用的特征评价准则为

$$J_{\text{IGFS}} = \text{MI}(f_i; C) + \frac{1}{|S|} \sum_{f_j \in S} I(f_i; f_j; C) \tag{3-28}$$

其中，$I(f_i; f_j; C) = \text{MI}(f_i, f_j; C) - \text{MI}(f_i; C) - \text{MI}(f_j; C)$，表示特征 f_i 与特征 f_j 相对于类别的关联信息。在 IGFS 中，与已选择特征存在较多正向关联的特征有较大的概率被选中。Bennasar 等人[85] 证明了 IGFS 与 JMI 之间是等价的。

3.2.8　DISR

DISR[160] 通过对称相关性的概念对联合互信息进行规范化，其使用的特征评价准则为

$$J_{\text{DISR}} = \sum_{f_j \in S} \frac{\text{MI}(f_i, f_j; C)}{H(f_i, f_j, C)} \tag{3-29}$$

3.2.9　JMIM

为了避免 JMI 中某些特征的重要性被过高估计，JMIM[85] 采用"最大化最小"策略来进行特征选择，其使用的特征评价准则为

$$J_{\text{JMIM}} = \min_{f_j \in S} [\text{MI}(f_i, f_j; C)] \tag{3-30}$$

3.2.10　NJMIM

NJMIM[85] 对 JMIM 进行了规范化，其使用的特征评价准则为

$$J_{\text{NJMIM}} = \min_{f_j \in S} \frac{\text{MI}(f_i, f_j; C)}{H(f_i, f_j, C)} \tag{3-31}$$

3.2.11　CMIM

CMIM[86] 的基本思路是被选择的特征应该包含尽可能多的未被已选特征包含的与类别相关的信息。CMIM 基于条件互信息采用"最大化最小"策略，其使用的特征评价准则为

$$J_{\text{CMIM}} = \min_{f_j \in S} [\text{MI}(f_i; C \mid f_j)] \tag{3-32}$$

3.2.12　IF

IF[161] 采用的特征评价准则为

$$J_{\text{IF}} = \min_{f_j \in S} [\text{MI}(f_i, f_j; C) - \text{MI}(f_j; C)] \tag{3-33}$$

根据公式（3-13）可得 $\text{MI}(f_i, f_j; C) - \text{MI}(f_j; C) = \text{MI}(f_i; C \mid f_j)$，因此，IF 与 CMIM 采用完全相同的特征评价准则。

3.2.13　FOU

FOU[88] 使用的特征评价准则为

$$J_{\text{FOU}} = I(f_i; C) - \beta \sum_{f_j \in S} \text{MI}(f_i; f_j) + \gamma \sum_{f_k \in S} \text{MI}(f_i; f_k \mid C) \qquad (3-34)$$

通过调节 FOU 中的参数取值，可以分别得到 MIFS、MIFS-U、JMI 以及 mRMR。

上述的各种特征评价准则在实际使用中都取得了一定的效果，但也存在着以下 3 个问题。

（1）问题 1：参数取值难以确定。

在类似于 MIFS、FOU 等方法中，参数的取值对于最终的特征选择结果影响重大，但是，如何确定参数的取值目前还没有广泛接受的方法。

（2）问题 2：特征之间关联信息被忽略了。

由于有关联信息的存在，就可能出现某个特征单独考虑时与类的相关性不高，但是与其他特征一起考虑时就会与类高度相关的情况。JMI、IGFS、DISR 以及 FOU 等方法可以考虑 3 阶关联信息，但对于更高阶的关联信息无能为力。JMIM、NJMIM、IF 以及 CMIM 等方法由于采用的都是"最大化最小"的悲观策略，往往无法捕捉到关联信息。

（3）问题 3：某些特征的重要性会被高估。

许多的特征选择算法都是将候选特征与已选择特征的平均互信息作为候选特征冗余度的度量。这种平均策略会导致某些特征的重要性被高估。在介绍 JMI 算法时，已经论述了这种高估发生的情境。

表 3-2 列举了上述 13 个典型的基于互信息的特征选择算法存在的上述 3 个问题。★表示该算法存在对应的问题，☆表示该算法部分存在该问题。本章剩余部分要提出一种能够同时克服这 3 个问题的特征选择算法。

表 3-2　典型特征选择算法存在的问题

算法	问题 1	问题 2	问题 3
MIFS	★	★	★
MIFS-U	★	★	★
NMIFS		★	★
MIFS-ND		★	★
mRMR		★	★
JMI		☆	★
IGFS		☆	★
DISR		☆	★
JMIM		★	
NJMIM		★	
IF		★	
CMIM		★	
FOU	★	☆	★

3.3　基于划分计算互信息的特征选择算法

3.3.1　基于划分计算熵

从公式(3-1)可以看出,计算熵的关键是计算随机变量不同取值的概率,而划分的本质就是根据特征的不同取值,将数据集分成不同的等价类,因此可以借助划分的结果对信息熵进行计算。

根据对数据集的划分结果,计算信息熵的公式为

$$H(X) = -\sum_{i=1}^{|\hat{\pi}_X|} \frac{|c_i|}{|D|} \log \frac{|c_i|}{|D|} - \frac{|D| - \|\hat{\pi}_X\|}{|D|} \log \frac{1}{|D|} \qquad (3-35)$$

其中,X 表示一个特征子集;$\hat{\pi}_X$ 表示 X 对数据集 D 的去一划分;$|\hat{\pi}_X|$ 表示去一划分中等价类的数目;$|c_i|$ 表示 $\hat{\pi}_X$ 中第 i 个等价类 c_i 中包含的样本数目;$\|\hat{\pi}_X\|$ 表示去一划分中包含的样本的总数,$\|\hat{\pi}_X\| = \sum_{i=1}^{|\hat{\pi}_X|} |c_i|$;$|D|$ 表示数据集中的样本总数。

根据去一划分的定义可以得到,数据集 D 中的样本在特征子集 X 上共有 $|D| - \|\hat{\pi}_X\| + |\hat{\pi}_X|$ 种不同的取值,这其中 $|\hat{\pi}_X|$ 种取值对应不止一个样本,$|D| - \|\hat{\pi}_X\|$ 种取值只对应一个样本。$\hat{\pi}_X$ 中等价类 c_i 所对应的取值出现的概率为 $\frac{|c_i|}{|D|}$,未包含在 $\hat{\pi}_X$ 中的取值出现的概率都是 $\frac{1}{|D|}$,这样,根据熵的定义可以得到公式(3-35)。

例 3-2　本例使用表 3-1 中的数据演示使用公式(3-35)计算信息熵的过程。

假设要计算 $H(B)$,通过扫描数据集可以发现,在特征 B 上,共有 a、b、c、d 四种取值,每种取值对应的样本数量分别为 1、3、2、2,这样根据公式(3-1)可以计算得到

$$H(B) = -\frac{1}{8} \log \frac{1}{8} - \frac{3}{8} \log \frac{3}{8} - \frac{2}{8} \log \frac{2}{8} - \frac{2}{8} \log \frac{2}{8}$$

除了扫描整个数据集,还可以通过公式(3-35)来计算。在例 3-1 中已经得到

$$\hat{\pi}_{\{B\}} = \{\{1, 4, 5\}, \{2, 6\}, \{3, 7\}\}$$

因此

$$\|\hat{\pi}_{\{B\}}\| = 7, |\hat{\pi}_{\{B\}}| = 3, c_1 = \{1, 4, 5\}, |c_1| = 3, c_2 = \{2, 6\}$$
$$|c_2| = 2, c_3 = \{3, 7\}, |c_3| = 2$$

将这些数据代入公式(3-35)可得

$$H(B) = -\frac{1}{8} \log \frac{1}{8} - \frac{3}{8} \log \frac{3}{8} - \frac{2}{8} \log \frac{2}{8} - \frac{2}{8} \log \frac{2}{8}$$

与使用公式(3-1)得到的结果是一致的。同理,不用扫描数据集就可以方便地计算得到

$$H(BC) = -\frac{2}{8} \log \frac{2}{8} - 6 \times \frac{1}{8} \log \frac{1}{8}$$

根据划分的相关性质,可以得到如下定理。

定理 3-1 令 X 为一个非空特征子集，$e(X)=\|\hat{\pi}_X\|-|\hat{\pi}_X|$，$Y=X\cup\{f\}$，$f\in F\backslash X$，若满足 $e(X)=e(Y)$，则 $MI(X;C)=MI(Y;C)$。

证明 根据 $e(X)$ 以及划分的相关定义可得

$$e(X)=\|\hat{\pi}_X\|-|\hat{\pi}_X|=(\|\hat{\pi}_X\|+N_1)-(|\hat{\pi}_X|+N_1)$$

其中，$N_1=|\{c\in\pi_X\,|\,|c|=1\}|$ 表示不在去一划分中的样本的数目。由于 $\|\hat{\pi}_X\|+N_1=|D|$，$|\hat{\pi}_X|+N_1=|\pi_X|$，可以得到 $e(X)=|D|-|\pi_X|$，这样 $e(X)=e(Y)$ 就意味着 $|\pi_X|=|\pi_Y|$。由于 X 是 Y 的子集，根据划分的定义，Y 对数据集的划分比 X 对数据集的划分要更细，即任取 $c_i\in\pi_Y$，必有 $c_j\in\pi_X$，使得 $c_i\subseteq c_j$，于是 $|\pi_X|=|\pi_Y|$ 必等价于 $\pi_X=\pi_Y$。根据 $\pi_X=\pi_Y$ 显然可以推出 $\hat{\pi}_X=\hat{\pi}_Y$，$\hat{\pi}_{XC}=\hat{\pi}_{YC}$，$H(X)=H(Y)$，$H(X,C)=H(Y,C)$，进而可以得到 $MI(X;C)=MI(Y;C)$。证毕。

根据定理 3-1，在使用前向搜索策略进行特征选择时，如果已经选择了特征子集 X，那么可以直接将候选特征子集中的特征 f 删去，因为在 X 中加入 f 并不会带来额外有用的信息。

3.3.2　FSMIP 算法

在上述论述的基础上，本书提出基于划分计算互信息的特征选择算法（Feature Selection by computing Mutual Information based on Partitions，FSMIP）。

FSMIP 的详细过程（伪代码）如下所示。

```
算法：FSMIP
输入：数据集 D，特征全集 F={f₁, f₂, …, fₙ}，类别 C，所选特征数上限 K
输出：选择的特征子集 S
1.  初始化 S=∅, k=0, opMI=0
2.  while k<K
3.       if F=∅
4.            return S
5.       for each fᵢ∈F
6.            计算并存储 π̂_{S∪{fᵢ}} 和 e(S∪{fᵢ})
7.            if e(S∪{fᵢ})=e(S)
8.                F=F\{fᵢ}, go to 5
9.            计算 MI(S∪{fᵢ};C)
10.           令 fⱼ=arg max MI(S∪{fᵢ};C), tempMI=MI(S∪{fⱼ};C)
                  fᵢ
11.      if tempMI==opMI
12.           return S
13.      S=S∪{fⱼ}, F=F\{fⱼ}, opMI=tempMI
14.      k=k+1
15. return S
```

FSMIP 算法使用前向搜索策略，从数据集 D 的特征全集 $F=\{f_1, f_2, \cdots, f_n\}$ 中选择最重要的 K 个特征。FSMIP 首先对过程中要用到的变量进行初始化（第 1 行），将 S 设置为空集，特征计数器设置为 0，同时将 opMI 设置为 0。opMI 记录选择过程中已选特征子集

与类之间的互信息的最大值。算法的主体部分（第 2～15 行）是一个循环过程。在每次迭代过程中，FSMIP 首先判断是否还有候选特征（第 3～4 行），如果没有，算法就结束。之所以要进行这种检查，是因为算法中存在着一个依据定理 3-1 设计的剪枝策略（第 7～8 行）。对于每个候选特征，FSMIP 根据 STRRIPPED_PRODUCT 算法计算 $\hat{\pi}_{SU\{f_i\}}$，依据定理 3-1 计算 $e(S \cup \{f_i\})$。此处将这些结果记录下来的原因是使用 STRRIPPED_PRODUCT 计算去一划分时需要依赖前一步的计算结果。如果 $e(S \cup \{f_i\}) = e(S)$，依据定理 3-1 可知特征 f_i 相对于特征子集 S 是完全冗余的，因此可以直接删掉（第 8 行）。这种预先判断实现了对搜索空间的剪枝，可以有效加快算法的执行速度。同时，由于该剪枝策略的存在，FSMIP 可免受上述问题 3 的影响。若特征 f_i 没有被直接删除，则计算 $MI(S \cup \{f_i\}; C)$（第 9 行）。完成一遍对候选特征的扫描以后，确定 $f_j = \arg \max_{f_i} MI(S \cup \{f_i\}; C)$（第 10 行），并将此时的 $MI(S \cup \{f_i\}; C)$ 记录在 tempMI 中。将 tempMI 与 opMI 进行比较，若 tempMI＝＝opMI，则表示再加入新的特征已经不会再带来额外的信息，此时算法就可以终止了（第 11～12 行）。若 tempMI＞opMI，则将 f_j 从 F 中移动到 S 中，并用 tempMI 更新 opMI 的取值（第 13 行），同时将计数器加 1（第 14 行）。

由于基于划分结果计算熵和互信息可以在常数时间内完成，STRRIPPED_PRODUCT 算法的时间复杂度为 $O(|D|)$，因此，FSMIP 算法内层循环的时间复杂度为 $O(|D||F|)$，$|F|$ 表示特征全集中的特征总数。FSMIP 算法的外层循环最多执行 K 次，所以 FSMIP 算法的整体时间复杂度为 $O(K|D||F|)$。

由于 FSMIP 直接计算特征子集与类之间的互信息，无须权衡相关性和冗余性，没有需要确定的参数，因此 FSMIP 不会受到问题 1 的影响。问题 2 的主要成因是采用了近似方法来度量特征子集整体与类的相关性，FSMIP 借助划分，精确计算了特征子集整体与类之间的互信息，关联信息的影响已经被完全考虑在内，因此，FSMIP 不会受到问题 2 的困扰。如果存在某个候选特征 f_i 与已选择的一个或几个特征之间高度相关，那么 $MI(S \cup \{f_i\}; C)$ 的取值将与 $MI(S; C)$ 非常接近，它被选择的概率就极低，因此，FSMIP 也不会受困于问题 3。综上所述，FSMIP 可以同时克服上述 3 个问题的影响。

3.4　实验结果与分析

3.4.1　实验设计

为了评估 FSMIP 算法的性能，本节将 FSMIP 算法与其他 5 个典型的特征选择算法：mRMR[87]、FCBF[162]、ReliefF[163]、CFS[96] 以及 IWFS[164] 进行比较。出于比较的公平性考虑，同时兼顾保密需求，本书选用公开数据集作为实验用数据集。

mRMR 算法在 3.2.3 小节中已经介绍过，这里首先对另外 4 种算法进行说明。

FCBF 采用对称不确定性来度量特征与类之间的相关性以及特征之间的冗余性。对称不确定性是对互信息的一种规范化，克服了互信息倾向于多值特征的缺点，并将互信息的取值限定在 [0, 1] 之间。两个随机变量 X 和 Y 的对称不确定性为 $SU(X; Y) = \dfrac{2MI(X; Y)}{H(X) + H(Y)}$。

FCBF 首先通过每个特征与类之间的对称不确定性对特征进行初步筛选，然后通过选择占优特征，删除与占优特征高度相关的特征来完成特征选择。FCBF 需要通过预先定义对称不确定性阈值来完成初步筛选，并且只考虑了单个特征与类的相关性，因此会受到问题 1 和问题 2 的困扰。

ReliefF 算法是一种基于距离的特征选择算法，其核心思想是根据特征对距离较近的不同类别样本的区分能力来对特征进行评价。对于某个特征，若同类别样本在该特征上的取值差别很小，而不同类别的样本在该特征上取值较大，则该特征具有较好的分类能力，应优先选择。ReliefF 算法每次只考虑一个特征，无法处理特征之间的冗余，也无法考虑关联信息。

CFS 是一种基于关联性的特征选择算法，其使用的特征评价指标为 $J_s = \dfrac{k\bar{r}_{cf}}{\sqrt{k+k(k-1)\bar{r}_{ff}}}$。其中，$J_s$ 是对特征子集 S 的评价值，k 表示特征子集 S 中的特征数目，$\bar{r}_{cf}$ 表示 S 中的特征与类的平均相关度，$\bar{r}_{ff}$ 表示 S 中的特征之间的平均冗余度。显然，CFS 也忽略了关联信息。

IWFS 是一种专门为处理关联信息而设计的算法。IWFS 定义了关联权重因子的概念，通过循环迭代，用关联权重因子对特征权重进行不断更新，实现对特征的选择。IWFS 只考虑了 3 阶关联信息，无法捕捉到更高阶的关联信息。

上述的 5 种算法中，FCBF、CFS 以及 ReliefF 已经集成在 WEKA[165] 机器学习框架中，为了实验的公平起见，本书将 mRMR、IWFS 以及 FSMIP 也在 WEKA 中进行实现。FCBF、CFS 和 ReliefF 采用 WEKA 中默认的参数设置。

3.4.2　人工数据集上的实验

1. 人工数据集

为了测试 FSMIP 处理关联信息的能力，本书从 UCI 数据集中选择 3 个 MONK 数据集，并采用 WEKA 中的 RDG1 数据生成器产生 3 个随机数据集来进行实验。在实验过程中，IWFS 和 mRMR 运行到 $MI(S;C)=MI(F;C)$ 时停止，FCBF、CFS 和 ReliefF 采用默认设置，FSMIP 直接将 K 设置为特征总数。这 6 个数据集的详情如表 3-3 所示。

表 3-3　人工数据集详情

数据集	特征数目	样本数目	目标概念
MONK1	6	432	$c=(a_1=a_2)\vee(a_5=1)$
MONK2	6	432	恰有两个特征取值为 1，$c=1$
MONK3	6	432	$c=(a_5=3\wedge a_4=1)\vee(a_5\neq 4\wedge a_2\neq 3)$
Dataset1	10	100	$c=(\bar{a}_1\wedge a_6)\vee(a_0\wedge a_5)$
Dataset2	10	100	$c=\bar{a}_5\vee(\bar{a}_1\wedge\bar{a}_6\wedge\bar{a}_8)$
Dataset3	5	100	$c=(a_0\wedge\bar{a}_2\wedge\bar{a}_4)\vee(a_1\wedge a_2)\vee a_2$

在表 3-3 中，目标概念 c 指的就是类别，这 6 个数据集的目标概念都是布尔变量，即取值为 0 或 1。目标概念 c 的取值由其表达式决定，表中给出了每个数据集的目标概念的表达式。若表达式取值为真，则目标概念取值为 1，否则取值为 0。在目标概念的表达式中，

∨ 表示析取，即其连接的条件有一个为真，表达式就为真；∧ 表示合取，即只有符号两侧的条件都为真时，表达式取值才为真。后 3 个数据集中，特征的取值也是布尔变量，表达式中特征上面有横线表示特征取值为 0，不带横线表示取值为 1。这里以 Dataset3 为例，说明目标概念表达式的具体含义。在 Dataset3 中，目标概念 $c=1$ 的条件是"$a_0=1$ 且 $a_2=0$ 且 $a_4=0$"或者"$a_1=1$ 且 $a_2=1$"或者"$a_2=1$"，若 3 个条件都不满足，则 $c=0$。

表 3-4 列出了每个数据集的相关特征和关联特征。相关特征指的是在目标概念定义表达式中出现的特征，有了它们就可以准确知道目标概念的取值。关联特征是指出现在合取表达式中的特征，它们作为单个特征与目标概念的相关度很低，但组合起来却可以确定目标概念的取值。未包含在相关特征中的特征称为不相关特征。

表 3-4　人工数据集中的相关特征和关联特征

数据集	相关特征	关联特征
MONK1	$\{a_1, a_2, a_5\}$	$\{(a_1, a_2)\}$
MONK2	$\{a_1, a_2, a_3, a_4, a_5, a_6\}$	$\{(a_1, a_2, a_3, a_4, a_5, a_6)\}$
MONK3	$\{a_2, a_4, a_5\}$	$\{(a_2, a_5), (a_4, a_5)\}$
Dataset1	$\{a_0, a_1, a_5, a_6\}$	$\{(a_0, a_5), (a_1, a_6)\}$
Dataset2	$\{a_1, a_5, a_6, a_8\}$	$\{(a_1, a_6, a_8)\}$
Dataset3	$\{a_0, a_1, a_2, a_4\}$	$\{(a_0, a_2, a_4), (a_1, a_2)\}$

2. 人工数据集上的实验结果

表 3-5 给出了 6 种特征选择算法在 6 个人工数据集上选出的特征子集。

表 3-5　人工数据集上的实验结果

算法	MONK1	MONK2	MONK3
FSMIP	$\{a_5, a_1, a_2\}$★	$\{a_5, a_3, a_2, a_4, a_6, a_1\}$★	$\{a_2, a_5, a_4\}$★
IWFS	$\{a_5, a_1, a_4, a_3\}$☆	$\{a_4, a_5, a_6, a_1, a_3, a_2\}$★	$\{a_2, a_5, a_4\}$★
mRMR	$\{a_5, a_1, a_4, a_3\}$☆	$\{a_5, a_4, a_6, a_1, a_2\}$★	$\{a_2, a_5, a_6\}$☆
FCBF	$\{a_5, a_1, a_4, a_3\}$☆	$\{a_4, a_5, a_6\}$	$\{a_2, a_5, a_6\}$☆
ReliefF	$\{a_1, a_5, a_2\}$★	$\{a_6, a_5, a_3, a_2, a_4, a_1\}$★	$\{a_2, a_5, a_4\}$★
CFS	$\{a_1, a_3, a_4, a_5\}$☆	$\{a_4, a_5, a_6\}$	$\{a_2, a_5, a_6\}$☆
算法	Dataset1	Dataset2	Dataset3
FSMIP	$\{a_1, a_6\}$★	$\{a_1, a_5, a_8, a_6\}$★	$\{a_2, a_0, a_1\}$★
IWFS	$\{a_1, a_6, a_3, a_4\}$☆	$\{a_1, a_6, a_5, a_8\}$★	$\{a_2, a_0, a_1, a_4\}$★
mRMR	$\{a_1, a_6, a_3, a_8\}$☆	$\{a_1, a_6, a_5, a_8\}$★	$\{a_2, a_0, a_1, a_4\}$★
FCBF	$\{a_1, a_6, a_3, a_4\}$☆	$\{a_1, a_6, a_8, a_5, a_0, a_2\}$☆	$\{a_2, a_0\}$★
ReliefF	$\{a_1, a_6, a_2, a_3\}$☆	$\{a_1, a_6, a_8, a_0, a_5, a_2\}$☆	$\{a_2, a_0, a_3, a_1\}$☆
CFS	$\{a_1, a_3, a_4, a_6\}$☆	$\{a_1, a_6, a_8, a_5, a_0, a_8\}$☆	$\{a_0, a_2\}$★

在表 3-5 中，★表示所选出的特征子集中至少包含了一组关联特征，而且没有不相关特征，☆表示所选出的特征子集中至少包含了一组关联特征，但是同时也包含了不相关特

征,未做标记的表示所选的特征无法确定目标概念的取值。从表3-5中的数据可以看出,FSMIP是唯一在所有数据集上都取得了★效果的算法。IWFS算法也取得了相对较好的效果,但是它在MONK1上选出了不相关特征a_3和a_4,在Dataset1上选出了不相关特征a_3和a_4。FCBF和CFS在MONK2上没有选出可以确定目标概念取值的特征子集,整体表现较差。mRMR与ReliefF都在3个数据集上达到了★效果,在3个数据集上达到了☆效果,整体表现相当,但弱于FSMIP和IWFS。

在上述6个数据集上的实验结果证明,FSMIP算法能够较好地捕捉到特征之间的关联信息,同时排除不相关特征。

3.4.3 真实数据集上的实验

为了进一步验证FSMIP算法的有效性,本节从UCI数据集中选择13个真实数据集进行实验。本小节仍然将FSMIP与上一小节用到的5种特征选择算法进行比较,比较主要从两个方面进行,一是选择的特征数目,二是选择的特征质量。为了评估所选特征的质量,选用C4.5、PART以及IB1等3个分类器,进行分类准确率的比较。

1. 真实数据集

表3-6列出了实验所用的13个真实数据集的详情。

表3-6 真实数据集详情

序号	数据集	样本数目	特征数目	类别数目
1	Annealing	898	38	6
2	Horse Colic	368	22	2
3	Hepatitis	155	19	2
4	Hypothyroid	3772	29	4
5	Ionosphere	351	34	2
6	Chess(kr-vs-kp)	3196	36	2
7	Lung Cancer	32	56	3
8	Lymphography	148	18	4
9	Sonar	208	60	2
10	Spectf Heart	269	44	2
11	Molecular Biology	3190	60	3
12	Vehicle	846	18	4
13	Wine	178	13	3

在表3-6中,Horse Colic数据集选择surgical lesion作为类别属性,Molecular Biology指的是Splice-junction Gene Sequences数据集。在实验之前首先对数据进行预处理。对于取值连续的特征,采用WEKA中的MDL离散化工具对取值进行离散化。对于离

散型缺失值,直接将缺失值"?"作为一种新的取值;对于连续型缺失值,则用该特征取值的平均值进行填充,再进行离散化处理。如果数据集中存在索引列或 ID 列,需要将这些列预先删除。

2. 所选特征数目

一个性能良好的特征选择算法应该能够通过选择较少的特征,训练出准确率较高的分类器。本小节通过对比不同特征选择算法在不同数据集和不同分类器上所选的特征数目来对算法的性能进行比较。

对于 FCBF 和 CFS 算法来说,它们所选择的特征数目在其自身参数确定以后就是确定的,与所用分类器无关。对于特征选择算法 FSMIP、IWFS、mRMR 以及 ReliefF 来说,需要将它们所选的特征在不同的分类器上进行测试,此处所说的特征数目指的是能够取得最高分类准确率的特征数目。本书限定这 4 种算法所选特征数目的上限为 30。

表 3-7~表 3-9 列出了 6 个特征选择算法在 3 个不同分类器上所选的特征数目。从表中的数据可以看出 6 种算法都能在大部分数据集上选出一个相对较小的特征子集。在 3 个分类器上,FSMIP 选出的平均特征数目都是最少的(在 C4.5 上为 5.69 个,PART 上为 5.92 个,IB1 上为 6.69 个)。FCBF 算法所选特征的平均特征数目排在第 2,其在 Chess(kr-vs-kp)和 Vehicle 数据集上选出的特征数目少于 FSMIP。从所选特征数目的角度看,FSMIP 算法明显优于 IWFS、mRMR、ReliefF 以及 CFS 算法。

表 3-7　C4.5 分类器上选择的特征数目

数据集	FSMIP	IWFS	mRMR	FCBF	ReliefF	CFS
1	8	26	20	8	29	10
2	2	5	7	5	10	5
3	3	2	1	6	6	9
4	5	29	23	5	22	6
5	3	4	18	5	5	13
6	20	29	27	7	28	7
7	2	4	7	6	3	11
8	3	7	17	8	3	10
9	4	10	11	10	19	19
10	5	24	6	5	21	18
11	10	10	8	22	18	22
12	6	13	15	4	12	9
13	3	10	3	10	3	11
平均	5.69	13.31	12.54	7.77	13.77	11.54

表 3-8 PART 分类器上选择的特征数目

数据集	FSMIP	IWFS	mRMR	FCBF	ReliefF	CFS
1	8	26	15	8	27	10
2	2	2	4	5	2	5
3	4	2	1	6	6	9
4	11	29	24	5	25	6
5	3	10	3	5	4	13
6	19	29	29	7	29	7
7	2	3	6	6	4	11
8	4	4	16	8	12	10
9	4	5	16	10	20	19
10	5	16	6	5	19	18
11	7	11	7	22	8	22
12	6	12	15	4	15	9
13	2	11	5	10	3	11
平均	5.92	12.31	11.31	7.77	13.38	11.54

表 3-9 IB1 分类器上选择的特征数目

数据集	FSMIP	IWFS	mRMR	FCBF	ReliefF	CFS
1	7	26	16	8	13	10
2	2	2	2	5	2	5
3	8	9	11	6	12	9
4	5	4	6	5	7	6
5	5	3	20	5	29	13
6	19	8	27	7	27	7
7	2	3	6	6	5	11
8	5	17	16	8	12	10
9	4	5	11	10	14	19
10	5	5	5	5	13	18
11	5	7	5	22	5	22
12	15	15	17	4	13	9
13	5	13	8	10	9	11
平均	6.69	9	11.54	7.77	12.38	11.54

3. 分类准确率

本小节通过比较不同算法选择的特征在 3 个分类器上的分类准确率来对比所选特征的质量。在实验过程中,每个数据集都被随机划分成一个训练集(包含 70% 的样本)和一个测试集(包含 30% 的样本),然后在训练集上对分类器进行训练,在测试集上计算分类准确率。为了减小随机误差,提高结果的说服力,每个分类器在每个数据集上都进行 100 次实验,然后取 100 次准确率的平均值作为此分类器在该数据集上的分类准确率。

表 3 - 10～表 3 - 12 列出了 6 种特征选择算法在 3 个不同分类器上的分类准确率以及 100 次实验对应的标准差。表中的分类准确率都是在表 3 - 7～表 3 - 9 所列出的最优特征数目的前提下得到的。在表 3 - 10～表 3 - 12 中,最后一行的"平均"代表了所有数据集的平均分类准确率。为了度量不同特征选择算法对应的分类准确率差异的显著度,本书对实验结果进行了双尾 t 检验(0.05 显著度)。表中的 v 表示所在列对应的特征选择算法得到的分类准确率显著大于 FSMIP,* 表示所在列对应的特征选择算法得到的分类准确率显著小于 FSMIP,无标记表示所在列对应的特征选择算法得到的分类准确率与 FSMIP 无明显差异。表中 WTL(Win/Tie/Loss)表示的是所在列对应的特征选择算法取得的分类准确率"大于/无差别/小于"FSMIP 的数据集的个数。例如,表 3 - 10 中 ReliefF 算法对应的"1/7/5"表示在 C4.5 分类器上,ReliefF 算法在 1 个数据集上优于 FSMIP,在 7 个数据集上与 FSMIP 无明显差别,在 5 个数据集上不如 FSMIP。

从表 3 - 10～表 3 - 12 中可以清楚地看出,FSMIP 在 3 个分类器上都取得了最高的平均分类准确率。以 C4.5 上的结果为例,FSMIP 的平均分类准确率为 87.53%,分别比 IWFS、mRMR、FCBF、ReliefF、CFS 高出 1.6%、2.05%、5.81%、1.47%、4.47%。值得注意的是,FCBF 在 3 个分类器上都取得了最差的结果。这表明,虽然 FCBF 选择了相对较少的特征,但是它无法确保这些特征的质量。

在表 3 - 10 中,只有 ReliefF 算法在 Chess(kr-vs-kp)数据集上明显优于 FSMIP;在表 3 - 11 中,FSMIP 在所有数据集上都不劣于其他算法;在表 3 - 12 中,虽然每个算法都在 1 个或 2 个数据集上优于 FSMIP,但 FSMIP 占优的数据集明显更多。因此,从 WTL 的角度来看,FSMIP 也取得了最好的效果。

表 3 - 10　C4.5 分类器上的分类准确率　　　　　　　　单位:%

数据集	FSMIP	IWFS	mRMR	FCBF	ReliefF	CFS
1	98.77±0.76	98.72±0.63	98.75±0.61	97.14±0.93 *	98.71±0.64	97.31±0.82 *
2	86.18±2.77	86.01±2.70	85.73±2.47	81.25±3.16 *	85.94±2.70	81.45±3.08 *
3	84.22±4.60	84.93±4.82	83.39±5.36	80.63±4.70 *	84.02±5.58	80.76±5.06 *
4	99.25±0.33	99.24±0.26	99.29±0.29	97.74±0.39 *	99.30±0.30	97.66±0.41 *
5	92.38±2.54	91.72±2.55	90.47±2.35 *	89.45±2.74 *	92.32±2.27	89.60±3.13 *
6	99.10±0.28	96.82±0.51 *	98.99±0.30 *	94.00±0.67 *	99.22±0.30v	94.06±0.53 *
7	66.67±12.86	58.89±15.99 *	55.11±17.42 *	45.33±12.83 *	60.89±15.59 *	49.78±14.78 *

续表

数据集	FSMIP	IWFS	mRMR	FCBF	ReliefF	CFS
8	79.66±5.21	79.41±6.43	76.30±5.05 *	72.61±6.05 *	78.52±5.29	73.80±5.37 *
9	83.58±4.08	83.15±4.00	79.29±4.28 *	77.94±4.54 *	79.08±5.04 *	78.74±4.85 *
10	85.43±3.64	84.44±3.89	84.44±3.31	83.25±4.57 *	81.17±3.66 *	80.86±4.14 *
11	93.80±0.77	87.37±0.95 *	93.98±0.66	93.63±0.74	93.86±0.77	93.76±0.78
12	72.62±2.59	72.17±2.36	70.11±2.51 *	55.96±2.36 *	70.58±2.63 *	69.15±2.78 *
13	96.26±2.53	94.19±3.68 *	95.42±2.64 *	93.47±3.24 *	95.17±3.60 *	92.83±3.64 *
WTL		0/9/4	0/6/7	0/1/12	1/7/5	0/1/12
平均	87.53	85.93	85.48	81.72	86.06	83.06

表 3-11　PART 分类器上的分类准确率 单位：%

数据集	FSMIP	IWFS	mRMR	FCBF	ReliefF	CFS
1	98.85±0.75	98.30±0.76 *	98.65±0.73	96.76±0.96 *	98.37±0.91 *	96.75±1.01 *
2	86.18±2.58	85.85±2.87	85.82±2.98	80.66±3.22 *	85.69±2.76	80.50±3.10 *
3	85.35±4.61	84.57±5.19	83.78±5.10 *	82.43±5.12 *	83.78±5.24 *	82.17±5.58 *
4	99.37±0.28	99.34±0.27	99.40±0.25	97.69±0.36 *	99.42±0.28	97.66±0.34 *
5	91.11±2.66	91.03±2.97	90.76±2.82	90.06±2.79 *	91.54±2.51	90.40±2.60
6	99.04±0.33	96.27±0.54 *	98.59±0.37 *	94.03±0.71 *	99.01±0.42	93.95±0.59 *
7	67.56±14.80	66.00±19.17	60.22±15.49 *	47.33±15.68 *	67.44±15.89	52.11±16.31 *
8	78.57±5.29	78.77±5.96	78.11±5.54	75.09±6.19 *	79.68±5.72	76.77±7.08
9	83.97±4.43	83.26±4.13	80.74±4.62 *	79.44±4.21 *	80.31±4.53 *	79.94±4.95 *
10	85.32±3.84	84.51±3.96	84.70±3.52	85.15±3.30	82.48±3.59 *	82.09±3.84 *
11	93.72±0.74	87.16±1.02 *	93.81±0.78	92.47±0.85 *	93.56±0.76	92.23±0.88 *
12	70.87±2.68	70.09±3.47	69.61±2.61 *	55.94±2.57 *	70.42±2.53	68.75±2.57 *
13	95.58±3.67	95.21±3.24	95.11±3.30	92.89±4.43 *	95.45±3.43	93.11±4.36 *
WTL		0/10/3	0/8/5	0/1/12	0/9/4	0/2/11
平均	87.35	86.18	86.10	82.30	86.70	83.57

表 3 - 12 IB1 分类器上的分类准确率 单位：%

数据集	FSMIP	IWFS	mRMR	FCBF	ReliefF	CFS
1	99.48±0.45	98.53±0.96 *	99.18±0.68 *	97.56±0.91 *	99.34±0.65	97.40±1.02 *
2	85.81±2.47	85.12±2.78	85.63±2.96	81.66±2.89 *	85.75±2.82	82.20±3.15 *
3	86.72±4.70	85.76±4.50	85.43±4.34	84.80±4.68 *	85.46±4.43	85.65±5.11
4	99.38±0.26	99.42±0.20	99.05±0.25 *	97.76±0.40 *	98.65±0.37 *	97.65±0.41 *
5	93.69±2.10	92.58±2.10 *	91.64±2.23 *	89.96±2.68 *	92.81±2.50 *	91.64±2.27 *
6	98.35±0.42	94.17±0.59 *	97.30±0.51 *	94.09±0.66 *	97.87±0.46 *	94.06±0.58 *
7	73.11±15.09	71.33±14.67	67.11±15.39 *	58.22±14.50 *	70.89±13.13	58.00±15.28 *
8	82.41±5.40	84.07±4.65v	84.20±4.55v	77.93±5.82 *	83.23±5.38	83.27±5.00
9	84.60±4.13	84.19±4.20	81.52±4.62 *	78.60±4.11 *	82.82±3.85 *	79.81±4.13 *
10	84.88±3.90	84.13±3.31	85.30±4.04	84.74±3.78	82.57±3.62 *	78.31±4.24 *
11	89.99±0.88	83.19±1.19 *	89.55±0.92 *	80.15±1.20 *	89.46±0.91 *	80.17±1.27 *
12	71.82±2.29	71.36±2.56	70.30±2.41 *	56.53±2.82 *	71.26±2.22	69.16±2.65 *
13	96.62±2.22	97.28±1.85v	98.15±1.53v	97.75±1.68v	98.04±1.51v	97.34±1.98v
WTL		2/7/4	2/3/8	1/1/11	1/6/6	1/2/10
平均	88.22	87.01	87.26	83.06	87.55	84.20

对于特征选择算法，一种有效的性能比较方法是逐个增加特征数目，比较在不同特征数目上的分类准确率。在本实验中，以 Chess(kr-vs-kp) 和 Vehicle 两个数据集为例，分析 FSMIP、IWFS、mRMR 以及 ReliefF 的"特征数目—分类准确率"对应关系。之所以选择这两个数据集是因为 FSMIP 在其他数据集上选择的特征数目都显著地少于其他 3 个算法，不便于比较。

图 3-1 和图 3-2 分别给出了在两个数据集上，4 种算法所选择的特征对应的分类准确率的折线图。图中 Y 轴表示分类准确率，取值为在 C4.5、PART 和 IB1 三个分类器上分类准确率的平均值。

从图 3-1 和图 3-2 中可以清楚地看出，FSMIP 相比另外 3 种算法在两个数据集上都更快地达到了分类准确率的最高值。这种现象从另一个方面体现了 FSMIP 选择的特征具有更高的质量。

从上述的实验结果可以得到，相比于 IWFS、mRMR、FCBF、ReliefF 和 CFS 算法，FSMIP 选择了更少但是质量更高的特征子集。人工数据集和真实数据集上的实验结果证明，相比于其他算法，FSMIP 具有明显的优势。

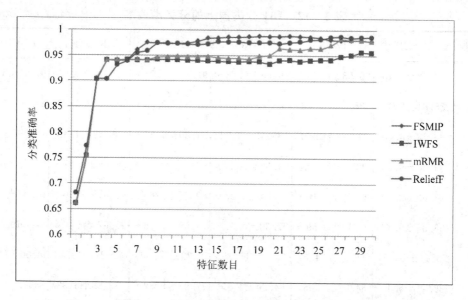

图 3 - 1　Vehicle 数据集上不同数目的特征对应的平均分类准确率

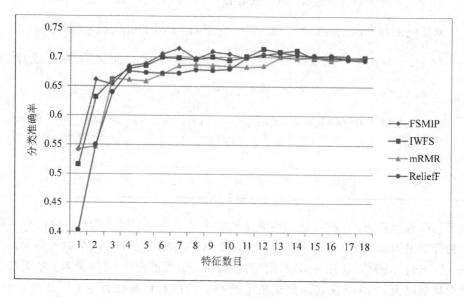

图 3 - 2　Chess(kr-vs-kp)数据集上不同数目的特征对应的平均分类准确率

3.5　本章小结

　　为了克服现有基于互信息的特征选择算法存在的缺点，更好地对行动效果关键影响要素进行分析，本章提出了基于划分计算互信息的特征选择算法。本章的主要工作包括以下几个方面。

　　(1) 归纳总结了典型的基于互信息的特征选择算法所使用的特征评价准则，指出了这些算法存在的 3 个问题：① 参数难以确定；② 忽略了特征之间的关联信息；③ 部分特征的重要性被高估。

（2）提出了基于划分计算熵的公式，并在此基础上提出了 FSMIP 算法，分析了 FSMIP 的时间复杂度以及如何克服上述 3 个问题。根据划分计算的性质，为 FSMIP 算法设计了一条剪枝规则，压缩了搜索空间，提高了算法效率。

（3）在 6 个人工数据集和 13 个真实数据集上，将 FSMIP 与其他 5 种特征选择算法进行了比较，实验结果证明了 FSMIP 的有效性。

FSMIP 算法在算法效果和时间复杂度上都具备优良的特性，不仅可以用于确定行动效果的关键影响要素，而且也是对特征选择方法和理论体系的一个有效扩展和补充。

基于鲁棒有序回归的能力评估

评估模型参数的确定是能力评估的一个重要环节。从专家提供的评估参考信息中推断评估模型的参数是一种主流的方法。在推断的过程中，通常会有不止一组模型参数与评估参考信息一致，传统的处理方式是从这些参数中选择一组作为模型参数的最终取值，这样一方面造成了信息的浪费，另一方面选择过程的随机性也会影响评估结果的鲁棒性。鲁棒有序回归综合考虑所有与参考信息一致的模型参数，同时允许专家根据推断结果增量式地提供评估参考信息，可以有效提高评估的客观性和鲁棒性。为了提高评估模型的客观性，本章总结专家可以提供的评估参考信息的类型，然后进行鲁棒有序回归分析，得到各种类型的"必然"和"可能"偏好关系，通过交互迭代最后得到最具代表性的评估模型参数。

4.1 鲁棒有序回归方法概述

鲁棒有序回归方法最早由 Greco 等人[114]提出，主要用于解决多准则决策问题，随后，ROR 理论在多准则决策领域得到了快速的发展和广泛的应用。由于本书所采用的评估模型是基于多准则效用理论的，本节在多准则效用理论的框架下介绍 ROR 的基本理论，并讨论与 ROR 相关的极限排序问题以及最具代表性模型参数的选择问题。

在介绍 ROR 理论之前，首先进行如下符号约定。

$A=\{a_1, a_2, \cdots, a_m\}$ 表示备选方案的集合。

$G=\{g_1, g_2, \cdots, g_n\}$ 表示准则的集合。

$g_j(a)$ 表示备选方案 a 在准则 g_j 上的表现，不失一般性地，假设所有准则都是效益型准则，即 $g_j(a)$ 的取值越大，a 在 g_j 上表现越优。

4.1.1 ROR 在多准则效用理论中的应用

多准则效用理论通过效用函数 $U: X \rightarrow R$ 将备选方案的综合表现映射成一个效用值，然后通过效用值来判断其优劣关系。其中 $X = \prod_{i=1}^{n} X_i$，$X_i = \{x_j \in \mathbf{R} | g_i(a_j) = x_j, a_j \in A\}$ 表示 A 中所有备选方案在准则 g_i 上取值的集合，U 是关于 $g_i(\cdot)$，$i=1, 2, \cdots, n$ 的函数，常用

的有加性效用函数和非加性效用函数。

加性效用函数的计算公式为

$$U(a) = \sum_{i=1}^{n} u_i(g_i(a)) \tag{4-1}$$

其中，$u_i(g_i(a))$ 称为备选方案 a 在准则 g_i 上的边际效用函数，需满足单调性，即若 $g_i(a) \geqslant g_i(b)$，必有 $u_i(g_i(a)) \geqslant u_i(g_i(b))$，但并没有线性要求。加性效用函数需要确定的模型参数就是每个准则上不同取值的边际效用函数。

UTA$^{GMS[114]}$ 是第一个 ROR 方法，其假设决策者提供了一个参考集 $A^R \subset A$，在 A^R 中给出了备选方案之间的偏好关系。两个备选方案 $c, d \in A^R$ 之间可能存在 3 种偏好关系：① c 优于 d，记作 $c \succ d$；② d 优于 c，记作 $d \succ c$；③ c 与 d 之间没有区别，记作 $c \sim d$。

A^R 中包含的各种偏好关系以及边际效用函数的单调性可以转化为如下约束条件集：

$$(E_1^{A^R}) \begin{cases} U(c) \geqslant U(d) + \varepsilon,\ c \succ d,\ c, d \in A^R \\ U(c) = U(d),\ c \sim d,\ c, d \in A^R \\ \sum_{j=1}^{n} u_j(x_j^{m_j}) = 1 \\ u_j(x_j^i) - u_j(x_j^{i-1}) \geqslant 0,\ i = 1, 2, \cdots, m_j,\ j = 1, \cdots, n \\ u_j(x_j^0) = 0,\ j = 1, \cdots, n \\ \varepsilon \geqslant 0 \end{cases} \tag{4-2}$$

其中，$x_j^1 \leqslant x_j^2 \leqslant \cdots \leqslant x_j^{m_j}$ 表示 A^R 中所有备选方案在准则 g_j 上的取值按从小到大进行的排列；m_j 表示不同取值的数目，$m_j \leqslant m$；ε 是松弛变量。UTA^{GMS} 假设每个准则上取值的最小值对应的边际效用为 0，在每个准则上都取到最大值的备选方案的效用为 1。

若 $E_1^{A^R}$ 为空，则表示 A^R 中包含的偏好关系存在自相矛盾，为了定位到引起矛盾之处，可以借助 $0-1$ 规划模型：

$$\min f = \sum_{c, d \in A^R} v_{c, d}$$

$$\text{s. t.} \begin{cases} U(c) + M v_{c, d} \geqslant U(d) + \varepsilon,\ c \succ d,\ c, d \in A^R \\ \left. \begin{array}{l} U(c) + M v_{c, d} \geqslant U(d) \\ U(d) + M v_{c, d} \geqslant U(c) \end{array} \right\},\ c \sim d,\ c, d \in A^R \\ u_j(x_j^i) - u_j(x_j^{i-1}) \geqslant 0,\ i = 1, 2, \cdots, m_j,\ j = 1, \cdots, n \\ \sum_{j=1}^{n} u_j(x_j^{m_j}) = 1 \\ u_j(x_j^0) = 0,\ j = 1, \cdots, n \\ \varepsilon \geqslant 0 \\ v_{c, d} \in \{0, 1\} \end{cases} \tag{4-3}$$

在模型式(4-3)中，M 表示一个比较大的数，$v_{c, d}$ 的取值只能为 0 或 1。目标函数的取值 f 表示不一致的偏好关系的数目。对于备选方案 c 和 d，$v_{c, d} = 1$ 表示 c 和 d 之间的偏好关系是引起不一致的原因。

若效用函数 U 能够使 $E_1^{A^R}$ 中的所有条件同时成立，则 U 与参考集 A^R 是一致的。令 $\mathcal{U}$ 表示所有与 A^R 一致的效用函数的集合。

定义 4-1 对于备选方案 $a,b \in A$，若 $\forall U \in \mathcal{U}$，都有 $U(a) \geqslant U(b)$，则 a 必然不劣于 b，记作 $a \succsim^N b$。

定义 4-2 对于备选方案 $a,b \in A$，若 $\exists U \in \mathcal{U}$，使得 $U(a) \geqslant U(b)$，则 a 可能不劣于 b，记作 $a \succsim^P b$。

为了描述简洁，令 $a \not\succsim^N b$ 表示 a 不必然不劣于 b，$a \not\succsim^P c$ 表示 a 不可能不劣于 c。显然 $a \not\succsim^N b$ 等价于 $b \succsim^P a$，$a \not\succsim^P c$ 等价于 $c \succsim^N a$。

根据定义可以得到两类偏好关系存在如下关系：

(1) 若 $a \succsim^N b$，则必有 $a \succsim^P b$；

(2) $\forall a,b \in A$，必有 $a \succsim^N b$ 或 $b \succsim^P a$；

(3) $\forall a,b,c \in A$，若 $a \succsim^N b$ 且 $b \succsim^N c$，则必有 $a \succsim^N c$；

(4) $\forall a,b,c \in A$，若 $a \not\succsim^P b$ 且 $b \not\succsim^P c$，则必有 $a \not\succsim^P c$。

令 $a,b \in A \backslash A^R$，a 与 b 之间的"必然"和"可能"偏好关系可以通过下面的方法进行判断。

若 $\begin{cases} E(a,b) \\ U(a) - U(b) + \varepsilon \leqslant 0 \end{cases}$ 为空，则必有 $a \succsim^N b$；

若 $\begin{cases} E(a,b) \\ U(a) - U(b) \geqslant 0 \end{cases}$ 不为空，则必有 $a \succsim^P b$。

此外，Figueira 等人[115] 还提出了另外一种计算"必然"和"可能"偏好关系的方法。

若 $\sigma = (\min(U(a) - U(b)) \text{ s.t. } E(a,b)) > 0$，则必有 $a \succsim^N b$；

若 $\sigma = (\min(U(b) - U(a)) \text{ s.t. } E(a,b)) < 0$，则必有 $a \succsim^P b$。

因为 $a,b \in A \backslash A^R$，所以其在某些准则上的取值可能并没有在 A^R 中出现，$E(a,b)$ 表示的是 $E_1^{A^R}$ 在其第 3 个约束条件中考虑了这些新的取值的情况。

根据 A^R 可以使用上面的方法计算得到一组"必然"和"可能"偏好关系，决策者可以在这些偏好关系的基础上提供新的参考偏好信息，以此形成一个交互迭代的过程，这种交互迭代的过程可以有效提高决策的科学性和鲁棒性。

除了 UTA^{GMS} 算法，另一个常用的基于加性效用函数的 ROR 算法是 GRIP 算法[115]。图 4-1 给出了 GRIP 算法的基本流程。GRIP 对 UTA^{GMS} 进行了扩展，允许决策者提供备选方案在特定准则上的偏好关系以及有关偏好关系强度的参考信息。相应地，"必然"和"可能"偏好关系的类型也进行了扩展，引入了"必然"和"可能"偏好强度关系以及"必然"和"可能"边际偏好强度关系：

$$(x,y) \succsim^{*N} (w,z) \Leftrightarrow \forall U \in \mathcal{U}, (U(x) - U(y)) - (U(w) - U(z)) \geqslant 0 \qquad (4-4)$$

$$(x,y) \succsim^{*P} (w,z) \Leftrightarrow \exists U \in \mathcal{U}, (U(x) - U(y)) - (U(w) - U(z)) \geqslant 0 \qquad (4-5)$$

$$(x,y) \succsim_i^{*N} (w,z) \Leftrightarrow \forall U \in \mathcal{U}, (u_i(x) - u_i(y)) - (u_i(w) - u_i(z)) \geqslant 0 \qquad (4-6)$$

$$(x,y) \succsim_i^{*P} (w,z) \Leftrightarrow \exists U \in \mathcal{U}, (u_i(x) - u_i(y)) - (u_i(w) - u_i(z)) \geqslant 0 \qquad (4-7)$$

其中，$\mathcal{U}$ 表示与参考信息集一致的效用函数的集合；$(x,y) \succsim^{*N} (w,z)$ 表示 x 优于 y 的

程度必然大于 w 优于 z 的程度；$(x,y) \succsim^{*P}(w,z)$ 表示 x 优于 y 的程度可能大于 w 优于 z 的程度；$(x,y) \succsim_i^{*N}(w,z)$ 表示在准则 g_i 上，x 优于 y 的程度必然大于 w 优于 z 的程度；$(x,y) \succsim_i^{*P}(w,z)$ 表示在准则 g_i 上，x 优于 y 的程度可能大于 w 优于 z 的程度。

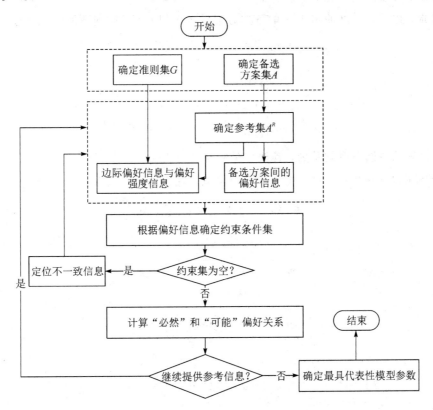

图 4 - 1　GRIP 算法的基本流程

除了加性效用函数，ROR 理论也可以用于非加性效用函数。最常用的非加性效用函数是 Choquet 积分，有关 Choquet 积分的相关理论已经在 2.2.2 小节中进行了论述。ROR 用于非加性效用函数时，需要用 Choquet 积分来表示备选方案的效用，模型参数也对应地进行修改。

4.1.2　极限排序

Kadziński 等人[118]指出，在综合考虑所有与参考集一致的模型参数时，可以计算每个备选方案的最优和最差排序。不失一般性地，此处假设备选方案按照从优到劣的顺序进行排列，即排序值越小，备选方案表现越优。

备选方案 a 的最高排序 $p^*(a)$ 可以通过求解下面的 $0-1$ 混合规划模型得到：

$$p^*(a) = 1 + \min \sum_{b \in A \setminus \{a\}} v_b$$

$$\text{s. t.} \begin{cases} E^{A^R} \\ U(a) \geqslant U(b) - Mv_b \\ v_b \in \{0, 1\} \end{cases} \quad (4-8)$$

其中，E^{A^R} 是专家提供的参考信息形成的约束条件集；M 是一个比较大的辅助变量；v_b 是一个布尔变量，当 $v_b=1$ 时，$U(a) \geqslant U(b) - Mv_b$ 必然成立。该规划模型的思想就是使优于 a 的备选方案尽可能少。

同样地，也可以借助使劣于 a 的备选方案尽量多的思想，构建下面的规划模型：

$$p^*(a) = |A| - \max \sum_{b \in A\setminus\{a\}} v_b$$

$$\text{s. t.} \begin{cases} E^{A^R} \\ U(b) \geqslant U(a) - Mv_b \\ v_b \in \{0, 1\} \end{cases} \tag{4-9}$$

其中，$|A|$ 表示备选方案的总数，其他变量的含义与式(4-8)中相同。

与求解最高排序类似，最低排序的计算可以使用下面两个模型：

$$p_*(a) = |A| - \min \sum_{b \in A\setminus\{a\}} v_b$$

$$\text{s. t.} \begin{cases} E^{A^R} \\ U(b) \geqslant U(a) - Mv_b \\ v_b \in \{0, 1\} \end{cases} \tag{4-10}$$

$$p_*(a) = 1 + \max \sum_{b \in A\setminus\{a\}} v_b$$

$$\text{s. t.} \begin{cases} E^{A^R} \\ U(a) \geqslant U(b) - Mv_b \\ v_b \in \{0, 1\} \end{cases} \tag{4-11}$$

极限排序的结果可以作为专家提供参考信息的重要依据。

4.1.3 最具代表性模型参数的选择

虽然 ROR 提供的"必然"和"可能"偏好信息能有效提高决策的鲁棒性，但有时决策者还是需要更加明确的建议，也就是说需要给出每个模型参数的具体取值。为了满足这个需求，需要从所有与参考信息一致的模型（简称一致模型）中选择最具代表性的一组。这一过程也称为模型选择过程。模型选择的原则是"one for all and all for one"，也就是说选出的模型应该能够代表所有一致模型，同时，所有一致模型在选择的过程中都发挥了作用[127-129,144]。模型选择的基本思路是引入新的约束条件，对模型参数的可行域进行压缩。

Kadziński 等人[129]基于 UTA^{GMS} 和 GRIP 算法对排序问题中的模型选择问题进行了研究，共设计了 4 类 11 个优化目标来对模型进行选择。

1. 基于极限排序结果的目标

令 $S = \{a \in A : P^*(a) \leqslant 3 \wedge P_*(a) \leqslant |A|/2\}$，可以得到优化目标：$\forall a \in S, b \in A\setminus S$，使 a 和 b 之间的效用值之差尽可能大。

2. 基于备选方案间二元关系的目标

该类优化目标共考虑了 5 种备选方案之间的二元关系：$\succ^N$、$\succ^P$、$?^N$、$\succ_{II}^{RANK}$ 和 $?_I^{RANK}$。$a?^N b \Leftrightarrow a \underset{\sim}{\not\succ} b \wedge b \underset{\sim}{\not\succ} a$ 表示 a 和 b 之间的偏好关系是无法确定的；$a \succ_{II}^{RANK} b \Leftrightarrow P_*(a) < P^*(b)$ 表示 a 的最差排序结果优于 b 的最优排序结果；$a?_I^{RANK} b \Leftrightarrow P^*(a) > P^*(b)$，$P_*(a) < P_*(b)$ 表示 a 和 b 之间排序结果的关系是不明确的。该类优化目标在关系 $\succ^N$、$\succ^P$ 和 $\succ_{II}^{RANK}$ 上最大化效用值之差，在关系 $?^N$ 和 $?_I^{RANK}$ 上最小化效用值之差。

需要指出的是，在多准则效用理论前提下，$a?^N b$ 与 $a \succ^P b$ 可能同时成立，$a?_I^{RANK} b$ 与 $a \succ^P b$ 也可能同时成立，作者的结论存在矛盾之处。因此，本书不建议使用 $\succ^P$、$?^N$ 以及 $?_I^{RANK}$ 作为优化目标。

3. 基于备选方案间偏好关系强度的目标

该类优化目标考虑了两种备选方案间偏好关系强度的二元关系：$\succ^{*N}$ 和 $?^{*N}$。$(a,b) \succ^{*N} (c,d)$ 表示在所有一致模型上，a 优于 b 的强度都大于 c 优于 d 的强度。在此关系上，应使 $(U(a) - U(b)) - (U(c) - U(d))$ 尽可能大。$?^{*N}$ 表示偏好强度之间的关系不明确，在此关系上，应使 $(U(a) - U(b)) - (U(c) - U(d))$ 尽可能小。

4. 基于边际效用函数的目标

基于边际效用函数的目标有：① 使边际效用函数尽可能是线性的；② 使相邻特征点之间的边际效用值之差尽可能大；③ 基于边际偏好关系强度关系的目标。

4.2　基于鲁棒有序回归的能力评估概述

在 2.2.2 节中已经确定，本书使用的能力评估模型是 MCHP 与 Choquet 积分的结合，本节重点论述如何基于 ROR 方法使用所确定的评估模型进行能力评估。本节沿用 2.2.2 节中的相关符号约定。

4.2.1　评估参考信息的类型

根据所选评估模型的特点，专家可以提供的评估参考信息主要有以下几种类型。

1. 关于系统在整体表现上的参考信息

（1）在整体表现上，系统 a 优于系统 b，记作 $a \succ b$，对应的约束条件为 $C_\mu(a) - C_\mu(b) > 0$。

（2）在整体表现上，系统 a 与系统 b 没有显著区别，记作 $a \sim b$，对应的约束条件为 $C_\mu(a) - C_\mu(b) = 0$。

（3）在整体表现上，系统 a 优于系统 b 的程度大于系统 c 优于系统 d 的程度，记作 $(a,b) \succ (c,d)$，对应的约束条件为 $C_\mu(a) - C_\mu(b) > C_\mu(c) - C_\mu(d)$。

（4）在整体表现上，系统 a 优于系统 b 的程度与系统 c 优于系统 d 的程度无显著区别，记作 $(a,b) \sim (c,d)$，对应的约束条件为 $C_\mu(a) - C_\mu(b) = C_\mu(c) - C_\mu(d)$。

在上述 4 种参考信息对应的约束条件中，系统 a 的 Choquet 积分使用公式（2-9）进行计算。由于线性规划无法处理严格不等式约束，本书引入松弛变量 ε 来对严格不等式进行松弛。以 $C_\mu(a)-C_\mu(b)>0$ 为例，引入松弛变量以后，其可以表述为 $C_\mu(a)-C_\mu(b)\geqslant\varepsilon$，$\varepsilon\geqslant0$。本书剩下部分对严格不等式采用相同的方式进行处理。关于系统整体表现的参考信息对应的约束条件集用 E_1 表示。

$$(E_1)\begin{cases}C_\mu(a)-C_\mu(b)\geqslant\varepsilon,\ a>b\\C_\mu(a)-C_\mu(b)=0,\ a\sim b\\C_\mu(a)-C_\mu(b)\geqslant C_\mu(c)-C_\mu(d)+\varepsilon,\ (a,b)>(c,d)\\C_\mu(a)-C_\mu(b)=C_\mu(c)-C_\mu(d),\ (a,b)\sim(c,d)\end{cases} \quad (4-12)$$

2. 关于系统在中间层指标上表现的参考信息

（1）在中间层指标 G_r 上，系统 a 优于系统 b，记作 $a>_r b$，对应的约束条件为 $C_{\mu_r}(a)-C_{\mu_r}(b)>0$。

（2）在中间层指标 G_r 上，系统 a 与系统 b 无显著区别，记作 $a\sim_r b$，对应的约束条件为 $C_{\mu_r}(a)-C_{\mu_r}(b)=0$。

（3）在中间层指标 G_r 上，系统 a 优于系统 b 的程度大于系统 c 优于系统 d 的程度，记作 $(a,b)>_r(c,d)$，对应的约束条件为 $C_{\mu_r}(a)-C_{\mu_r}(b)>C_{\mu_r}(c)-C_{\mu_r}(d)$。

（4）在中间层指标 G_r 上，系统 a 优于系统 b 的程度与系统 c 优于系统 d 的程度无显著区别，记作 $(a,b)\sim_r(c,d)$，对应的约束条件为 $C_{\mu_r}(a)-C_{\mu_r}(b)=C_{\mu_r}(c)-C_{\mu_r}(d)$。

在上述 4 种参考信息对应的约束条件中，系统 a 在中间层指标 G_r 上的 Choquet 积分使用公式（2-15）计算。需要指出的是，虽然公式（2-15）是一个分式，但是对于上述 4 个条件来说，分母的取值并不影响等式（不等式）的表达，因此，上述的 4 个约束条件还可以看作是线性约束条件。关于系统在中间层指标上表现的参考信息对应的约束条件集用 E_2 表示。

$$(E_2)\begin{cases}C_{\mu_r}(a)-C_{\mu_r}(b)\geqslant\varepsilon,\ a>_r b\\C_{\mu_r}(a)-C_{\mu_r}(b)=0,\ a\sim_r b\\C_{\mu_r}(a)-C_{\mu_r}(b)\geqslant C_{\mu_r}(c)-C_{\mu_r}(d)+\varepsilon,\ (a,b)>_r(c,d)\\C_{\mu_r}(a)-C_{\mu_r}(b)=C_{\mu_r}(c)-C_{\mu_r}(d),\ (a,b)\sim_r(c,d)\end{cases} \quad (4-13)$$

3. 关于指标重要性的参考信息

令 G_{r1}、G_{r2}、G_{r3}、G_{r4} 为指标 G_r 在第 k 层的子指标。

（1）相对于指标 G_r，指标 G_{r1} 比 G_{r2} 重要，记作 $G_{r1}>_r G_{r2}$，对应的约束条件为 $\varphi_r^k(G_{r1})-\varphi_r^k(G_{r2})>0$。

（2）相对于指标 G_r，指标 G_{r1} 与 G_{r2} 的重要性无显著差别，记作 $G_{r1}\sim_r G_{r2}$，对应的约束条件为 $\varphi_r^k(G_{r1})-\varphi_r^k(G_{r2})=0$。

（3）相对于指标 G_r，指标 G_{r1} 比 G_{r2} 重要的程度大于 G_{r3} 比 G_{r4} 重要的程度，记作 $(G_{r1},G_{r2})_r>(G_{r3},G_{r4})_r$，对应的约束条件为 $\varphi_r^k(G_{r1})-\varphi_r^k(G_{r2})>\varphi_r^k(G_{r3})-\varphi_r^k(G_{r4})$。

（4）相对于指标 G_r，指标 G_{r1} 比 G_{r2} 重要的程度与 G_{r3} 比 G_{r4} 重要的程度无显著区别，记作 $(G_{r1}, G_{r2})_r \sim (G_{r3}, G_{r4})_r$，对应的约束条件为 $\varphi_r^k(G_{r1}) - \varphi_r^k(G_{r2}) = \varphi_r^k(G_{r3}) - \varphi_r^k(G_{r4})$。

在上述 4 种参考信息对应的约束条件中，指标 G_{r1} 相对于其父指标 G_r 的重要性指数 $\varphi_r^k(G_{r1})$ 使用公式（2-18）计算。虽然公式（2-18）是分式，但是分母的取值并不会影响等式（不等式）的表达，因此，上述各约束条件也可以看作是线性约束条件。关于指标重要性的参考信息对应的约束条件集用 E_3 表示。

$$
(E_3)\begin{cases}
\varphi_r^k(G_{r1}) - \varphi_r^k(G_{r2}) \geqslant \varepsilon, \ G_{r1} \succ_r G_{r2} \\
\varphi_r^k(G_{r1}) - \varphi_r^k(G_{r2}) = 0, \ G_{r1} \sim_r G_{r2} \\
\varphi_r^k(G_{r1}) - \varphi_r^k(G_{r2}) \geqslant \varphi_r^k(G_{r3}) - \varphi_r^k(G_{r4}) + \varepsilon, \ (G_{r1}, G_{r2})_r \succ (G_{r3}, G_{r4})_r \\
\varphi_r^k(G_{r1}) - \varphi_r^k(G_{r2}) = \varphi_r^k(G_{r3}) - \varphi_r^k(G_{r4}), \ (G_{r1}, G_{r2})_r \sim (G_{r3}, G_{r4})_r
\end{cases}
$$

$$(4-14)$$

4. 关于指标关联性的参考信息

令 G_{r1}、G_{r2}、G_{r3}、G_{r4}、G_{r5}、G_{r6}、G_{r7}、G_{r8} 为指标 G_r 在第 k 层的子指标。

（1）相对于指标 G_r，指标 G_{r1} 与 G_{r2} 之间存在正向关联，记作 $(G_{r1}, G_{r2})_r \in \mathrm{PI}$，对应的约束条件为 $\varphi_r^k(G_{r1}, G_{r2}) > 0$。

（2）相对于指标 G_r，指标 G_{r1} 与 G_{r2} 之间存在负向关联，记作 $(G_{r1}, G_{r2})_r \in \mathrm{NI}$，对应的约束条件为 $\varphi_r^k(G_{r1}, G_{r2}) < 0$。

（3）相对于指标 G_r，指标 G_{r1} 与 G_{r2} 之间的关联性大于 G_{r3} 与 G_{r4} 之间的关联性，记作 $(G_{r1}, G_{r2})_r \succ_i (G_{r3}, G_{r4})_r$，对应的约束条件为 $|\varphi_r^k(G_{r1}, G_{r2})| - |\varphi_r^k(G_{r3}, G_{r4})| > 0$。

（4）相对于指标 G_r，指标 G_{r1} 和 G_{r2} 之间的关联性与 G_{r3} 和 G_{r4} 之间的关联性无显著区别，记作 $(G_{r1}, G_{r2})_r \sim_i (G_{r3}, G_{r4})_r$，对应的约束条件为 $|\varphi_r^k(G_{r1}, G_{r2})| - |\varphi_r^k(G_{r3}, G_{r4})| = 0$。

（5）相对于指标 G_r，指标 G_{r1} 与 G_{r2} 之间的关联关系强度大于 G_{r3} 与 G_{r4} 之间的关联关系强度的程度大于指标 G_{r5} 与 G_{r6} 之间的关联关系强度大于 G_{r7} 与 G_{r8} 之间的关联关系强度的程度，记作 $[(G_{r1}, G_{r2}), (G_{r3}, G_{r4})]_r \succ_i [(G_{r5}, G_{r6}), (G_{r7}, G_{r8})]_r$，其对应的约束条件为 $|\varphi_r^k(G_{r1}, G_{r2})| - |\varphi_r^k(G_{r3}, G_{r4})| > |\varphi_r^k(G_{r5}, G_{r6})| - |\varphi_r^k(G_{r7}, G_{r8})|$。

（6）相对于指标 G_r，指标 G_{r1} 与 G_{r2} 之间的关联关系强度大于 G_{r3} 与 G_{r4} 之间的关联关系强度的程度与指标 G_{r5} 与 G_{r6} 之间的关联关系强度大于 G_{r7} 与 G_{r8} 之间的关联关系强度的程度无显著区别，记作 $[(G_{r1}, G_{r2}), (G_{r3}, G_{r4})]_r \sim_i [(G_{r5}, G_{r6}), (G_{r7}, G_{r8})]_r$，其对应的约束条件为 $|\varphi_r^k(G_{r1}, G_{r2})| - |\varphi_r^k(G_{r3}, G_{r4})| = |\varphi_r^k(G_{r5}, G_{r6})| - |\varphi_r^k(G_{r7}, G_{r8})|$。

在上述 6 种参考信息对应的约束条件中，指标 G_{r1} 和 G_{r2} 相对于其父指标 G_r 的关联系数通过公式（2-19）计算。同样需要指出的是，公式（2-19）也是分式，但是分母的取值并不会影响等式（不等式）的表达，因此，上述 6 个约束条件也可以看作是线性约束条件。关于指标关联性的参考信息对应的约束条件集用 E_4 表示。

$$(E_4) \begin{cases} \varphi_r^k(G_{r1}, G_{r2}) \geqslant \varepsilon, (G_{r1}, G_{r2})_r \in \mathrm{PI} \\ \varphi_r^k(G_{r1}, G_{r2}) + \varepsilon \leqslant 0, (G_{r1}, G_{r2})_r \in \mathrm{NI} \\ |\varphi_r^k(G_{r1}, G_{r2})| - |\varphi_r^k(G_{r3}, G_{r4})| \geqslant \varepsilon, (G_{r1}, G_{r2})_r \succ_i (G_{r3}, G_{r4})_r \\ |\varphi_r^k(G_{r1}, G_{r2})| - |\varphi_r^k(G_{r3}, G_{r4})| = 0, (G_{r1}, G_{r2})_r \sim_i (G_{r3}, G_{r4})_r \\ |\varphi_r^k(G_{r1}, G_{r2})| - |\varphi_r^k(G_{r3}, G_{r4})| \geqslant |\varphi_r^k(G_{r5}, G_{r6})| - |\varphi_r^k(G_{r7}, G_{r8})| + \varepsilon \\ \quad [(G_{r1}, G_{r2}), (G_{r3}, G_{r4})]_r \succ_i [(G_{r5}, G_{r6}), (G_{r7}, G_{r8})]_r \\ |\varphi_r^k(G_{r1}, G_{r2})| - |\varphi_r^k(G_{r3}, G_{r4})| = |\varphi_r^k(G_{r5}, G_{r6})| - |\varphi_r^k(G_{r7}, G_{r8})| \\ \quad [(G_{r1}, G_{r2}), (G_{r3}, G_{r4})]_r \sim_i [(G_{r5}, G_{r6}), (G_{r7}, G_{r8})]_r \end{cases}$$

$$(4-15)$$

4.2.2 "必然"和"可能"偏好关系

在上一小节中，共列举了专家可以提供的18种参考信息的类型，其中10种是严格偏好关系，另外8种是无差别关系，其中严格偏好关系对应严格不等式约束，无差别关系对应等式约束。将上述18种参考信息对应的约束条件和公式(2-8)中对模型参数本身的约束整合，可以得到一个关于模型参数 $m(\{g_i\})$, $i=1, 2, \cdots, n$ 和 $m(\{g_i, g_j\})$, $i, j=1, 2, \cdots, n$ 以及松弛变量 ε 的线性约束可行域，记作 E^{A^R}。

$$(E^{A^R}) \begin{cases} m(\varnothing) = 0, \sum_{g_i \in T} m(\{g_i\}) + \sum_{g_i, g_j \in T} m(\{g_i, g_j\}) = 1 \\ m(\{g_i\}) + \sum_{g_j \in T} m(\{g_i, g_j\}) \geqslant 0, g_i \in G, T \subseteq G \backslash \{g_i\} \\ \varepsilon > 0 \\ E_1, E_2, E_3, E_4 \end{cases}$$

$$(4-16)$$

其中，g_i, $i=1, 2, \cdots, n$ 表示基本指标；A^R 表示专家提供的参考信息的集合。若 E^{A^R} 为空，则表示 A^R 中的参考信息存在自相矛盾之处，可以借助模型式(4-3)对不一致信息进行定位，并修正。令 $\mathbb{C}_\mu$ 表示可行域 E^{A^R} 中包含的所有评估模型参数的集合，$C_\mu = \{m(\{g_i\}) | i=1, 2, \cdots, n\} \bigcup \{m(\{g_i, g_j\}) | i, j=1, 2, \cdots, n\}$ 表示一组模型参数。若 C_μ 能够满足 E^{A^R} 中的所有约束条件，则称 C_μ 与参考信息集 A^R 一致，记作 $C_u \in \mathbb{C}_\mu$。本节剩余部分阐述10组"必然"和"可能"偏好关系，并基于可行域 E^{A^R} 给出各类偏好关系的计算方法。

1. 整体表现上的"必然"和"可能"偏好关系

若 $\forall C_u \in \mathbb{C}_\mu$，都有 $C_\mu(a) - C_\mu(b) \geqslant 0$，则系统 a 的整体表现必然不劣于系统 b，记作 $a \succsim^N b$。若 $\begin{cases} E^{A^R} \\ C_\mu(b) - C_\mu(a) > 0 \end{cases}$ 为空，则必有 $a \succsim^N b$。

若 $\exists C_u \in \mathbb{C}_\mu$，使得 $C_\mu(a) - C_\mu(b) \geqslant 0$，则系统 a 的整体表现可能不劣于系统 b，记作 $a \succsim^P b$。若 $\begin{cases} E^{A^R} \\ C_\mu(a) - C_\mu(b) \geqslant 0 \end{cases}$ 不为空，则必有 $a \succsim^P b$。

2. 整体表现偏好强度上的"必然"和"可能"偏好关系

若 $\forall C_u \in \mathbb{C}_\mu$，都有 $C_\mu(a) - C_\mu(b) \geq C_\mu(c) - C_\mu(d)$，则在整体表现上，系统 a 优于系统 b 的程度必然不小于系统 c 优于系统 d 的程度，记作 $(a, b) \succsim^N (c, d)$。若

$$\begin{cases} E^{A^R} \\ C_\mu(a) - C_\mu(b) < C_\mu(c) - C_\mu(d) \end{cases}$$ 为空，则必有 $(a, b) \succsim^N (c, d)$。

若 $\exists C_u \in \mathbb{C}_\mu$，使得 $C_\mu(a) - C_\mu(b) \geq C_\mu(c) - C_\mu(d)$，则在整体表现上，系统 a 优于系统 b 的程度可能不小于系统 c 优于系统 d 的程度，记作 $(a, b) \succsim^P (c, d)$。若

$$\begin{cases} E^{A^R} \\ C_\mu(a) - C_\mu(b) \geq C_\mu(c) - C_\mu(d) \end{cases}$$ 不为空，则必有 $(a, b) \succsim^P (c, d)$。

3. 中间层指标上的"必然"和"可能"偏好关系

若 $\forall C_u \in \mathbb{C}_\mu$，都有 $C_{\mu_r}(a) - C_{\mu_r}(b) \geq 0$，则在中间层指标 G_r 上，系统 a 的表现必然不劣于系统 b，记作 $a \succsim_r^N b$。若 $\begin{cases} E^{A^R} \\ C_{\mu_r}(b) - C_{\mu_r}(a) > 0 \end{cases}$ 为空，则必有 $a \succsim_r^N b$。

若 $\exists C_u \in \mathbb{C}_\mu$，使得 $C_{\mu_r}(a) - C_{\mu_r}(b) \geq 0$，则在中间层指标 G_r 上，系统 a 的表现可能不劣于系统 b，记作 $a \succsim_r^P b$。若 $\begin{cases} E^{A^R} \\ C_{\mu_r}(a) - C_{\mu_r}(b) \geq 0 \end{cases}$ 不为空，则必有 $a \succsim_r^P b$。

4. 中间层指标上偏好强度的"必然"和"可能"偏好关系

若 $\forall C_u \in \mathbb{C}_\mu$，都有 $C_{\mu_r}(a) - C_{\mu_r}(b) \geq C_{\mu_r}(c) - C_{\mu_r}(d)$，则在中间层指标 G_r 上，系统 a 优于系统 b 的程度必然不小于系统 c 优于系统 d 的程度，记作 $(a, b) \succsim_r^N (c, d)$。若

$$\begin{cases} E^{A^R} \\ C_{\mu_r}(a) - C_{\mu_r}(b) < C_{\mu_r}(c) - C_{\mu_r}(d) \end{cases}$$ 为空，则必有 $(a, b) \succsim_r^N (c, d)$。

若 $\exists C_u \in \mathbb{C}_\mu$，使得 $C_{\mu_r}(a) - C_{\mu_r}(b) \geq C_{\mu_r}(c) - C_{\mu_r}(d)$，则在中间层指标 G_r 上，系统 a 优于系统 b 的程度可能不小于系统 c 优于系统 d 的程度，记作 $(a, b) \succsim_r^P (c, d)$。若

$$\begin{cases} E^{A^R} \\ C_{\mu_r}(a) - C_{\mu_r}(b) \geq C_{\mu_r}(c) - C_{\mu_r}(d) \end{cases}$$ 不为空，则必有 $(a, b) \succsim_r^P (c, d)$。

5. 指标重要性上的"必然"和"可能"偏好关系

若 $\forall C_u \in \mathbb{C}_\mu$，都有 $\varphi_r^k(G_{r1}) - \varphi_r^k(G_{r2}) \geq 0$，则相对于父指标 G_r，指标 G_{r1} 的重要性必然不小于 G_{r2}，记作 $G_{r1} \succ_r^N G_{r2}$。若 $\begin{cases} E^{A^R} \\ \varphi_r^k(G_{r1}) - \varphi_r^k(G_{r2}) < 0 \end{cases}$ 为空，则必有 $G_{r1} \succ_r^N G_{r2}$。

若 $\exists C_u \in \mathbb{C}_\mu$，使得 $\varphi_r^k(G_{r1}) - \varphi_r^k(G_{r2}) \geq 0$，则相对于父指标 G_r，指标 G_{r1} 的重要性可能不小于 G_{r2}，记作 $G_{r1} \succ_r^P G_{r2}$。若 $\begin{cases} E^{A^R} \\ \varphi_r^k(G_{r1}) - \varphi_r^k(G_{r2}) \geq 0 \end{cases}$ 不为空，则必有 $G_{r1} \succ_r^P G_{r2}$。

6. 指标重要性差异程度上的"必然"和"可能"偏好关系

若 $\forall C_u \in \mathbb{C}_\mu$，都有 $\varphi_r^k(G_{r1}) - \varphi_r^k(G_{r2}) \geqslant \varphi_r^k(G_{r3}) - \varphi_r^k(G_{r4})$，则相对于父指标 G_r，指标 G_{r1} 比 G_{r2} 重要的程度必然不小于指标 G_{r3} 比 G_{r4} 重要的程度，记作 $(G_{r1}, G_{r2})_r \succ^N (G_{r3}, G_{r4})_r$。若

$$\begin{cases} E^{A^R} \\ \varphi_r^k(G_{r1}) - \varphi_r^k(G_{r2}) < \varphi_r^k(G_{r3}) - \varphi_r^k(G_{r4}) \end{cases}$$
为空，则必有 $(G_{r1}, G_{r2})_r \succ^N (G_{r3}, G_{r4})_r$。

若 $\exists C_u \in \mathbb{C}_\mu$，使得 $\varphi_r^k(G_{r1}) - \varphi_r^k(G_{r2}) \geqslant \varphi_r^k(G_{r3}) - \varphi_r^k(G_{r4})$，则相对于父指标 G_r，指标 G_{r1} 比 G_{r2} 重要的程度可能不小于指标 G_{r3} 比 G_{r4} 重要的程度，记作 $(G_{r1}, G_{r2})_r \succ^P (G_{r3}, G_{r4})_r$。若

$$\begin{cases} E^{A^R} \\ \varphi_r^k(G_{r1}) - \varphi_r^k(G_{r2}) \geqslant \varphi_r^k(G_{r3}) - \varphi_r^k(G_{r4}) \end{cases}$$
不为空，则必有 $(G_{r1}, G_{r2})_r \succ^P (G_{r3}, G_{r4})_r$。

7. 指标间正向关联的"必然"和"可能"偏好关系

若 $\forall C_u \in \mathbb{C}_\mu$，都有 $\varphi_r^k(G_{r1}, G_{r2}) > 0$，则相对于父指标 G_r，指标 G_{r1} 与 G_{r2} 之间必然存在正向关联，记作 $(G_{r1}, G_{r2})_r \in^N \mathrm{PI}$。若 $\begin{cases} E^{A^R} \\ \varphi_r^k(G_{r1}, G_{r2}) \leqslant 0 \end{cases}$ 为空，则必有 $(G_{r1}, G_{r2})_r \in^N \mathrm{PI}$。

若 $\exists C_u \in \mathbb{C}_\mu$，使得 $\varphi_r^k(G_{r1}, G_{r2}) > 0$，则相对于父指标 G_r，指标 G_{r1} 与 G_{r2} 之间可能存在正向关联，记作 $(G_{r1}, G_{r2})_r \in^P \mathrm{PI}$。若 $\begin{cases} E^{A^R} \\ \varphi_r^k(G_{r1}, G_{r2}) > 0 \end{cases}$ 不为空，则必有 $(G_{r1}, G_{r2})_r \in^P \mathrm{PI}$。

8. 指标间负向关联的"必然"和"可能"偏好关系

若 $\forall C_u \in \mathbb{C}_\mu$，都有 $\varphi_r^k(G_{r1}, G_{r2}) < 0$，则相对于父指标 G_r，指标 G_{r1} 与 G_{r2} 之间必然存在负向关联，记作 $(G_{r1}, G_{r2})_r \in^N \mathrm{NI}$。若 $\begin{cases} E^{A^R} \\ \varphi_r^k(G_{r1}, G_{r2}) \geqslant 0 \end{cases}$ 为空，则必有 $(G_{r1}, G_{r2})_r \in^N \mathrm{NI}$。

若 $\exists C_u \in \mathbb{C}_\mu$，使得 $\varphi_r^k(G_{r1}, G_{r2}) < 0$，则相对于父指标 G_r，指标 G_{r1} 与 G_{r2} 之间可能存在负向关联，记作 $(G_{r1}, G_{r2})_r \in^P \mathrm{NI}$。若 $\begin{cases} E^{A^R} \\ \varphi_r^k(G_{r1}, G_{r2}) < 0 \end{cases}$ 不为空，则必有 $(G_{r1}, G_{r2})_r \in^P \mathrm{NI}$。

9. 指标间关联强度的"必然"和"可能"偏好关系

若 $\forall C_u \in \mathbb{C}_\mu$，都有 $|\varphi_r^k(G_{r1}, G_{r2})| - |\varphi_r^k(G_{r3}, G_{r4})| \geqslant 0$，则相对于父指标 G_r，指标 G_{r1} 与 G_{r2} 之间的关联度必然不小于 G_{r3} 与 G_{r4} 之间的关联度，记作 $(G_{r1}, G_{r2})_r \succsim_i^N (G_{r3}, G_{r4})_r$。若 $\begin{cases} E^{A^R} \\ |\varphi_r^k(G_{r1}, G_{r2})| - |\varphi_r^k(G_{r3}, G_{r4})| < 0 \end{cases}$ 为空，则必有 $(G_{r1}, G_{r2})_r \succsim_i^N (G_{r3}, G_{r4})_r$。

若 $\exists C_u \in \mathbb{C}_\mu$，使得 $|\varphi_r^k(G_{r1}, G_{r2})| - |\varphi_r^k(G_{r3}, G_{r4})| \geqslant 0$，则相对于父指标 G_r，指标 G_{r1} 与 G_{r2} 之间的关联度可能不小于 G_{r3} 与 G_{r4} 之间的关联度，记作 $(G_{r1}, G_{r2})_r \succsim_i^P (G_{r3}, G_{r4})_r$。若 $\begin{cases} E^{A^R} \\ |\varphi_r^k(G_{r1}, G_{r2})| - |\varphi_r^k(G_{r3}, G_{r4})| \geqslant 0 \end{cases}$ 不为空，则必有 $(G_{r1}, G_{r2})_r \succsim_i^P (G_{r3}, G_{r4})_r$。

10. 指标间关联强度差异的"必然"和"可能"偏好关系

若 $\forall C_u \in \mathbb{C}_\mu$，都有 $|\varphi_r^k(G_{r1}, G_{r2})| - |\varphi_r^k(G_{r3}, G_{r4})| \geqslant |\varphi_r^k(G_{r5}, G_{r6})| - |\varphi_r^k(G_{r7}, G_{r8})|$，则相对于父指标 G_r，指标 G_{r1} 与 G_{r2} 之间的关联度大于 G_{r3} 与 G_{r4} 之间的关联度的程度必然不小于 G_{r5} 与 G_{r6} 之间的关联度大于 G_{r7} 与 G_{r8} 之间的关联度的程度，记作 $[(G_{r1}, G_{r2}), (G_{r3}, G_{r4})]_r \succsim_i^N [(G_{r5}, G_{r6}), (G_{r7}, G_{r8})]_r$。

若 $\begin{cases} E^{A^R} \\ |\varphi_r^k(G_{r1}, G_{r2})| - |\varphi_r^k(G_{r3}, G_{r4})| < |\varphi_r^k(G_{r5}, G_{r6})| - |\varphi_r^k(G_{r7}, G_{r8})| \end{cases}$ 为空，则必有 $[(G_{r1}, G_{r2}), (G_{r3}, G_{r4})]_r \succsim_i^N [(G_{r5}, G_{r6}), (G_{r7}, G_{r8})]_r$。

若 $\exists C_u \in \mathbb{C}_\mu$，使得 $|\varphi_r^k(G_{r1}, G_{r2})| - |\varphi_r^k(G_{r3}, G_{r4})| \geqslant |\varphi_r^k(G_{r5}, G_{r6})| - |\varphi_r^k(G_{r7}, G_{r8})|$，则相对于父指标 G_r，指标 G_{r1} 与 G_{r2} 之间的关联度大于 G_{r3} 与 G_{r4} 之间的关联度的程度可能不小于 G_{r5} 与 G_{r6} 之间的关联度大于 G_{r7} 与 G_{r8} 之间的关联度的程度，记作 $[(G_{r1}, G_{r2}), (G_{r3}, G_{r4})]_r \succsim_i^P [(G_{r5}, G_{r6}), (G_{r7}, G_{r8})]_r$。

若 $\begin{cases} E^{A^R} \\ |\varphi_r^k(G_{r1}, G_{r2})| - |\varphi_r^k(G_{r3}, G_{r4})| \geqslant |\varphi_r^k(G_{r5}, G_{r6})| - |\varphi_r^k(G_{r7}, G_{r8})| \end{cases}$ 不为空，则必有 $[(G_{r1}, G_{r2}), (G_{r3}, G_{r4})]_r \succsim_i^P [(G_{r5}, G_{r6}), (G_{r7}, G_{r8})]_r$。

上述 10 组"必然"和"可能"偏好关系的计算也可以使用 Figueira 等人[115] 提出的方法。下面以整体表现上的"必然"和"可能"偏好关系为例进行说明。

若 $\delta = (\min(C_\mu(a) - C_\mu(b)))\, \mathrm{s.\,t.}\, E^{A^R}) > 0$，则必有 $a \succsim^N b$；

若 $\delta = (\min(C_\mu(b) - C_\mu(a)))\, \mathrm{s.\,t.}\, E^{A^R}) < 0$，则必有 $a \succsim^P b$。

其他涉及相互比较的偏好关系都可以通过类似的方法计算得到。需要注意的是，指标间正向和负向关联的"必然"和"可能"偏好关系不涉及相互比较，这里给出这两组偏好关系的计算方法。

若 $\delta = (\min(\varphi_r^k(G_{r1}, G_{r2}))\, \mathrm{s.\,t.}\, E^{A^R}) > 0$，则必有 $(G_{r1}, G_{r2})_r \in^N \mathrm{PI}$；

若 $\delta = (\max(\varphi_r^k(G_{r1}, G_{r2}))\, \mathrm{s.\,t.}\, E^{A^R}) > 0$，则必有 $(G_{r1}, G_{r2})_r \in^P \mathrm{PI}$。

若 $\delta = (\max(\varphi_r^k(G_{r1}, G_{r2}))\, \mathrm{s.\,t.}\, E^{A^R}) < 0$，则必有 $(G_{r1}, G_{r2})_r \in^N \mathrm{NI}$；

若 $\delta = (\min(\varphi_r^k(G_{r1}, G_{r2}))\, \mathrm{s.\,t.}\, E^{A^R}) < 0$，则必有 $(G_{r1}, G_{r2})_r \in^P \mathrm{NI}$。

4.2.3　最具代表性模型参数的确定

在能力评估的应用框架下进行模型选择，仍然沿用在 4.1.3 小节中介绍的模型选择的基本理念和思路，在具体方法上针对所选用评估模型的特点进行适当调整。

相比于 UTA^{GMS} 和 GRIP 算法，本书在 4.2.2 小节中引入了更多类型的"必然"和"可能"偏好关系，其中的"必然"偏好关系都可以作为模型选择的优化目标。

除了"必然"偏好关系，极限排序的结果也可以用来对模型进行选择。令 a 和 b 的极限排序分别为 $[p^*(a), p_*(a)]$ 和 $[p^*(b), p_*(b)]$，那么 a 优于 b 的概率为

$$P(a > b) = \frac{\max(0, p_*(a) - p^*(b)) - \max(0, p^*(a) - p_*(b))}{[p_*(a) - p^*(a)] + [p_*(b) - p^*(b)]} \quad (4-17)$$

$P(a>b)$满足$0 \leqslant P(a>b) \leqslant 1$，$P(a>b) + P(b>a) = 1$。若$P(a>b) = 1$，则必有$a \succsim^N b$。根据这些性质可以得到如下优化目标。

(1) 若$a \succsim^N b$，应使$C_\mu(a) - C_\mu(b)$尽可能大。

(2) 若$(a, b) \succsim^N (c, d)$，应使$[C_\mu(a) - C_\mu(b)] - [C_\mu(c) - C_\mu(d)]$尽可能大。

(3) 若$a \succsim_r^N b$，应使$C_{\mu_r}(a) - C_{\mu_r}(b)$尽可能大。

(4) 若$(a, b) \succsim_r^N (c, d)$，应使$[C_{\mu_r}(a) - C_{\mu_r}(b)] - [C_{\mu_r}(c) - C_{\mu_r}(d)]$尽可能大。

(5) 若$G_{r1} >_r^N G_{r2}$，应使$\varphi_r^k(G_{r1}) - \varphi_r^k(G_{r2})$尽可能大。

(6) 若$(G_{r1}, G_{r2})_r >^N (G_{r3}, G_{r4})_r$，应使$[\varphi_r^k(G_{r1}) - \varphi_r^k(G_{r2})] - [\varphi_r^k(G_{r3}) - \varphi_r^k(G_{r4})]$尽可能大。

(7) 若$(G_{r1}, G_{r2})_r \in^N \text{PI}$，应确保$\varphi_r^k(G_{r1}, G_{r2}) > 0$，且使其取值尽可能大。

(8) 若$(G_{r1}, G_{r2})_r \in^N \text{NI}$，应确保$\varphi_r^k(G_{r1}, G_{r2}) < 0$，且使其取值尽可能小。

(9) 若$(G_{r1}, G_{r2})_r \succsim_i^N (G_{r3}, G_{r4})_r$，应使$|\varphi_r^k(G_{r1}, G_{r2})| - |\varphi_r^k(G_{r3}, G_{r4})|$尽可能大。

(10) 若$[(G_{r1}, G_{r2}), (G_{r3}, G_{r4})]_r \succsim_i^N [(G_{r5}, G_{r6}), (G_{r7}, G_{r8})]_r$，应使$[|\varphi_r^k(G_{r1}, G_{r2})| - |\varphi_r^k(G_{r3}, G_{r4})|] - [|\varphi_r^k(G_{r5}, G_{r6})| - |\varphi_r^k(G_{r7}, G_{r8})|]$尽可能大。

(11) 若$P(a>b) \geqslant \lambda$，$0.5 < \lambda \leqslant 1$，应使$C_\mu(a) - C_\mu(b)$尽可能大。

运用上述11个优化目标，可以选出一组比较有代表性的模型参数。

4.3 案例分析

在本例中，需要对$\{B_1, B_2, \cdots, B_{12}\}$共12支部队的作战能力进行评估，评估的目标是得到各个部队的综合能力值以及各分项能力值，评估用到的指标体系如图4-2所示，其中包括1个顶级指标、3个中间层指标和8个基本指标。评估模型采用MCHP与Choquet积分的结合，评估模型的参数用ROR方法进行确定。通过对12支部队既往参加演习的历史数据进行分析挖掘，得到它们在每个基本指标上的取值，如表4-1所示，取值越大表现越优。

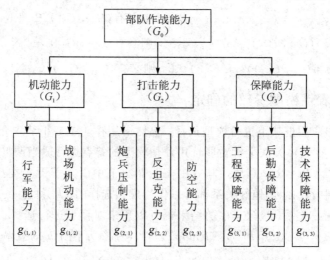

图4-2　部队作战能力评估指标体系(示例)

表 4 - 1 12 支部队在各个基本指标上的取值

部队	G_0							
	G_1		G_2			G_3		
	$g_{(1,1)}$	$g_{(1,2)}$	$g_{(2,1)}$	$g_{(2,2)}$	$g_{(2,3)}$	$g_{(3,1)}$	$g_{(3,2)}$	$g_{(3,3)}$
B_1	1.0	0.8	0.4	1.0	1.0	0.2	0.2	1.0
B_2	1.0	0.6	0.6	0.6	0.6	0.4	0.8	0.4
B_3	0.6	1.0	0.6	0.6	0.6	0.4	0.6	1.0
B_4	0.8	0.8	1.0	1.0	1.0	1.0	1.0	1.0
B_5	0.4	1.0	0.4	1.0	1.0	0.4	0.8	0.4
B_6	0.8	1.0	0.4	1.0	0.8	0.8	0.6	1.0
B_7	1.0	1.0	1.0	0.4	0.4	0.4	1.0	1.0
B_8	0.8	1.0	1.0	1.0	1.0	0.2	1.0	1.0
B_9	0.8	1.0	1.0	1.0	1.0	1.0	0.4	1.0
B_{10}	1.0	1.0	0.8	0.6	0.6	0.4	0.4	0.8
B_{11}	1.0	0.4	1.0	0.8	0.8	0.6	0.6	0.6
B_{12}	1.0	1.0	0.4	0.8	0.8	0.2	1.0	1.0

为了使用 ROR 推断模型参数,专家需要提供评估参考信息。表 4 - 2 给出了初始评估参考信息,主要是有关指标重要性的信息。前 2 条参考信息给出了 3 个中间层指标相对于顶级指标 G_0 的重要性关系,后 5 条参考信息给出了 8 个基本指标相对于其父指标的重要性关系。

表 4 - 2 初始评估参考信息

序号	参考信息	约束条件
1	$G_2 \succ_0 G_3$	$\varphi_0^1(G_2) - \varphi_0^1(G_3) \geqslant \varepsilon$
2	$G_3 \succ_0 G_1$	$\varphi_0^1(G_3) - \varphi_0^1(G_1) \geqslant \varepsilon$
3	$g_{(1,2)} \succ_1 g_{(1,1)}$	$\varphi_1^2(\{g_{(1,2)}\}) - \varphi_1^2(\{g_{(1,1)}\}) \geqslant \varepsilon$
4	$g_{(2,3)} \succ_2 g_{(2,2)}$	$\varphi_2^2(\{g_{(2,3)}\}) - \varphi_2^2(\{g_{(2,2)}\}) \geqslant \varepsilon$
5	$g_{(2,2)} \succ_2 g_{(2,1)}$	$\varphi_2^2(\{g_{(2,2)}\}) - \varphi_2^2(\{g_{(2,1)}\}) \geqslant \varepsilon$
6	$g_{(3,2)} \succ_3 g_{(3,1)}$	$\varphi_3^2(\{g_{(3,2)}\}) - \varphi_3^2(\{g_{(3,1)}\}) \geqslant \varepsilon$
7	$g_{(3,3)} \succ_3 g_{(3,2)}$	$\varphi_3^2(\{g_{(3,3)}\}) - \varphi_3^2(\{g_{(3,2)}\}) \geqslant \varepsilon$

使用 ROR 算法可以从评估参考信息中推断出一系列"必然"和"可能"偏好关系。由于"必然"偏好关系具有更高的价值,下文只给出"必然"偏好关系。对于"可能"偏好关系,可以借助 4.1.1 小节中介绍的"必然"和"可能"偏好关系之间的关系得到。此外,本例的评估目标是对 12 支部队进行排序,因此,只关注部队整体表现上的"必然"偏好关系。从表 4 - 2 的参考信息中能够得到的必然偏好关系为 $B_9 \succeq^N B_{10}$。为了对问题进行进一步的分析,专家给出了 8 个基本指标相对于顶级指标 G_0 的重要性关系,如表 4 - 3 所示。

表 4-3　基本指标相对于顶级指标 G_0 的重要性关系

序号	参 考 信 息	约 束 条 件
1	$g_{(2,3)} \succ_0 g_{(2,2)}$	$\varphi_0^2(\{g_{(2,3)}\}) - \varphi_0^2(\{g_{(2,2)}\}) \geq \varepsilon$
2	$g_{(2,2)} \succ_0 g_{(3,3)}$	$\varphi_0^2(\{g_{(2,2)}\}) - \varphi_0^2(\{g_{(3,3)}\}) \geq \varepsilon$
3	$g_{(3,3)} \succ_0 g_{(2,1)}$	$\varphi_0^2(\{g_{(3,3)}\}) - \varphi_0^2(\{g_{(2,1)}\}) \geq \varepsilon$
4	$g_{(2,1)} \succ_0 g_{(1,1)}$	$\varphi_0^2(\{g_{(2,1)}\}) - \varphi_0^2(\{g_{(1,1)}\}) \geq \varepsilon$
5	$g_{(1,1)} \succ_0 g_{(3,2)}$	$\varphi_0^2(\{g_{(1,1)}\}) - \varphi_0^2(\{g_{(3,2)}\}) \geq \varepsilon$
6	$g_{(3,2)} \succ_0 g_{(1,2)}$	$\varphi_0^2(\{g_{(3,2)}\}) - \varphi_0^2(\{g_{(1,2)}\}) \geq \varepsilon$
7	$g_{(1,2)} \succ_0 g_{(3,1)}$	$\varphi_0^2(\{g_{(1,2)}\}) - \varphi_0^2(\{g_{(3,1)}\}) \geq \varepsilon$

综合表 4-3 中的参考信息，可以得到新的"必然"偏好关系：$B_4 \succeq^N B_3$、$B_4 \succeq^N B_{11}$ 以及 $B_9 \succeq^N B_2$。

为了对问题进行进一步的分析，专家继续提供了表 4-4 所示的关于指标关联性的参考信息，综合这些信息可以得到 $B_4 \succeq^N B_2$、$B_4 \succeq^N B_5$ 和 $B_4 \succeq^N B_{10}$。

表 4-4　关于指标关联性的参考信息

序号	参 考 信 息	约 束 条 件
1	$(G_1, G_2)_0 \in \mathrm{PI}$	$\varphi_0^1(\{G_1, G_2\}) \geq \varepsilon$
2	$(G_2, G_3)_0 \in \mathrm{PI}$	$\varphi_0^1(\{G_2, G_3\}) \geq \varepsilon$
3	$(G_1, G_3)_0 \in \mathrm{PI}$	$\varphi_0^1(\{G_1, G_3\}) \geq \varepsilon$
4	$(g_{(2,1)}, g_{(2,3)})_2 \in \mathrm{PI}$	$\varphi_2^2(\{g_{(2,1)}, g_{(2,3)}\}) \geq \varepsilon$
5	$(g_{(2,2)}, g_{(2,3)})_0 \in \mathrm{NI}$	$\varphi_0^2(\{g_{(2,2)}, g_{(2,3)}\}) \leq -\varepsilon$
6	$(g_{(2,1)}, g_{(3,3)})_0 \in \mathrm{PI}$	$\varphi_0^2(\{g_{(2,1)}, g_{(3,3)}\}) \geq \varepsilon$
7	$(g_{(3,1)}, g_{(3,2)})_0 \in \mathrm{NI}$	$\varphi_0^2(\{g_{(3,1)}, g_{(3,2)}\}) \leq -\varepsilon$
8	$(g_{(1,2)}, g_{(2,1)})_0 \in \mathrm{PI}$	$\varphi_0^2(\{g_{(1,2)}, g_{(2,1)}\}) \geq \varepsilon$

表 4-5 给出了 2 条指标关联性强度的参考信息和 1 条指标重要性程度的参考信息，综合这 3 条信息可以得到 $B_4 \succeq^N B_7$、$B_4 \succeq^N B_{12}$、$B_6 \succeq^N B_2$、$B_9 \succeq^N B_3$、$B_9 \succeq^N B_5$、$B_9 \succeq^N B_{11}$ 和 $B_{11} \succeq^N B_2$。

表 4-5　关于偏好强度的参考信息

序号	参 考 信 息	约 束 条 件
1	$(G_2, G_3)_0 \succ_i (G_1, G_3)_0$	$\varphi_0^1(G_2, G_3) - \varphi_0^1(G_1, G_3) \geq \varepsilon$
2	$(G_1, G_2)_0 \succ_i (G_1, G_3)_0$	$\varphi_0^1(G_1, G_2) - \varphi_0^1(G_1, G_3) \geq \varepsilon$
3	$(g_{(3,3)}, g_{(3,2)})_0 \succ_i (g_{(3,2)}, g_{(3,1)})_0$	$\varphi_0^2(\{g_{(3,3)}\}) - \varphi_0^2(\{g_{(3,2)}\}) \geq \varphi_0^2(\{g_{(3,2)}\}) - \varphi_0^2(\{g_{(3,1)}\}) + \varepsilon$

结合上述得到的"必然"偏好关系，专家又提供了 3 条关于部队表现的参考信息，如表 4-6 所示。综合这 3 条信息可以得到 $B_4 \succeq^N B_1$、$B_4 \succeq^N B_6$、$B_4 \succeq^N B_8$、$B_7 \succeq^N B_1$、$B_7 \succeq^N B_5$ 和 $B_9 \succeq^N B_1$。

表 4-6 关于部队表现的参考信息

序号	参 考 信 息	约 束 条 件
1	$B_5 \succ_3 B_{10}$	$C_{\mu_3}(B_5) - C_{\mu_3}(B_{10}) \geqslant \varepsilon$
2	$B_5 \succ B_1$	$C_\mu(B_5) - C_\mu(B_1) \geqslant \varepsilon$
3	$B_{12} \succ B_8$	$C_\mu(B_{12}) - C_\mu(B_8) \geqslant \varepsilon$

此时,得到的部队整体表现上的"必然"偏好关系如图 4-3 所示,一个箭头表示一个"必然"偏好关系,虚线表示该条关系由专家提供。图 4-4~图 4-6 分别给出了在 3 个中间层指标上,部队之间的"占优"关系和"必然"偏好关系。a 占优于 b 表示 a 在每个指标上的取值都不小于 b,且至少在一个指标上 a 大于 b。在图中,虚线表示"占优"关系,实线表示"必然"偏好关系。在图 4-4~图 4-6 中,有的节点包含了多支部队,其原因是这些部队在所考虑的指标上取值完全相同。由于部队整体表现以及在中间层指标上的表现的偏好关系具有传递性,为了图的简洁性,图中省略了通过传递性得到的偏好关系。

在图 4-3~图 4-6 的基础上,专家进一步提供参考信息的主要依据就是尽量补充从图中得不到的偏好信息。于是,专家提供了如下新参考信息:$B_4 \succ B_9$、$B_1 \succ_1 B_3$、$B_8 \succ_2 B_{11}$、$B_7 \succ_2 B_{10}$ 和 $B_6 \succ_3 B_7$。综合这些参考信息,得到的新的部队整体表现上的偏好关系如图 4-7 所示。显然,图 4-7 包含了比图 4-3 更多的信息。

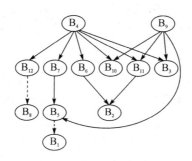

图 4-3 部队整体表现上的"必然"偏好关系

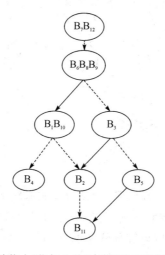

图 4-4 "机动能力"指标上的"占优"关系和"必然"偏好关系

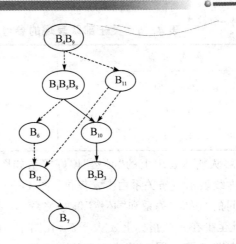

图 4-5 "打击能力"指标上的"占优"关系和"必然"偏好关系

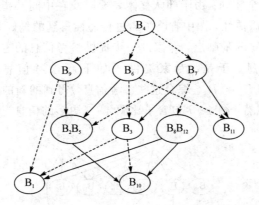

图 4-6 "保障能力"指标上的"占优"关系和"必然"偏好关系

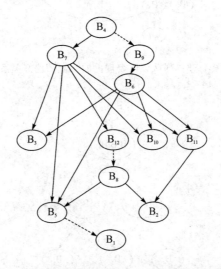

图 4-7 新的部队整体表现上的"必然"偏好关系

为了进行更深入的分析，综合上述所有参考信息，进行极限排序，得到的结果如表 4-7 所示。利用公式(4-17)可以计算部队两两之间的偏好概率，结果如表 4-8 所示，其中，第 i 行第 j 列表示 $B_i \succ B_j$ 的概率。

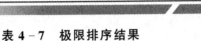

表 4-7　极限排序结果

排序	B_1	B_2	B_3	B_4	B_5	B_6	B_7	B_8	B_9	B_{10}	B_{11}	B_{12}
p^*	8	9	5	1	7	3	2	5	2	5	5	4
p_*	12	12	12	1	11	6	4	9	3	12	11	8

表 4-8　部队两两之间的偏好概率

部队	B_1	B_2	B_3	B_4	B_5	B_6	B_7	B_8	B_9	B_{10}	B_{11}	B_{12}
B_1	0.50	0.57	0.36	0.00	0.38	0.00	0.00	0.13	0.00	0.36	0.30	0.00
B_2	0.43	0.50	0.30	0.00	0.29	0.00	0.00	0.00	0.00	0.30	0.22	0.00
B_3	0.64	0.70	0.50	0.00	0.55	0.10	0.00	0.36	0.00	0.50	0.46	0.27
B_4	1.00	1.00	1.00	0.50	1.00	1.00	1.00	1.00	1.00	1.00	1.00	1.00
B_5	0.63	0.71	0.45	0.00	0.50	0.00	0.00	0.25	0.00	0.45	0.40	0.13
B_6	1.00	1.00	0.90	0.00	1.00	0.50	0.00	0.86	0.00	0.90	0.89	0.71
B_7	1.00	1.00	1.00	0.00	1.00	0.80	0.50	1.00	0.33	1.00	1.00	1.00
B_8	0.88	1.00	0.64	0.00	0.75	0.14	0.00	0.50	0.00	0.64	0.60	0.38
B_9	1.00	1.00	1.00	0.00	1.00	1.00	0.67	1.00	0.50	1.00	1.00	1.00
B_{10}	0.64	0.70	0.50	0.00	0.55	0.10	0.00	0.36	0.00	0.50	0.46	0.27
B_{11}	0.70	0.78	0.54	0.00	0.60	0.11	0.00	0.40	0.00	0.54	0.50	0.30
B_{12}	1.00	1.00	0.73	0.00	0.88	0.29	0.00	0.63	0.00	0.73	0.70	0.50

若令 $\lambda = 0.70$，那么从表 4-8 中还可以得到额外的偏好关系：$B_3 \succ B_2$、$B_5 \succ B_2$、$B_6 \succ B_8$、$B_6 \succ B_{12}$、$B_7 \succ B_6$、$B_{10} \succ B_2$、$B_{11} \succ B_1$、$B_{12} \succ B_3$、$B_{12} \succ B_{10}$、$B_{12} \succ B_{11}$。

综合此处得到的偏好关系以及上述得到的所有"必然"偏好关系，可以对最具代表性的模型参数进行选择，其结果如表 4-9 所示。在该组参数下，可以分别计算出每支部队的综合作战能力以及在 3 个中间层指标上的作战能力数值，如表 4-10 所示。从表 4-10 中可以得到 12 支部队的排序信息，如表 4-11 所示。

表 4-9　最具代表性模型参数的取值

$m(g_{(1,1)})$	$m(g_{(1,2)})$	$m(g_{(2,1)})$	$m(g_{(2,2)})$	$m(g_{(2,3)})$	$m(g_{(3,1)})$
0.0066	0.0696	0.2012	0.2095	0.1247	0.0496
$m(g_{(3,2)})$	$m(g_{(3,3)})$	$m(g_{(1,1)},g_{(1,2)})$	$m(g_{(1,1)},g_{(2,1)})$	$m(g_{(1,1)},g_{(2,2)})$	$m(g_{(1,1)},g_{(2,3)})$
0.1589	0.1423	0.1622	0	0.0017	0.0016
$m(g_{(1,1)},g_{(3,1)})$	$m(g_{(1,1)},g_{(3,2)})$	$m(g_{(1,1)},g_{(3,3)})$	$m(g_{(1,2)},g_{(2,1)})$	$m(g_{(1,2)},g_{(2,2)})$	$m(g_{(1,2)},g_{(2,3)})$
-0.0066	0.0828	0	0.0066	0.0016	0.0017

续表

$m(g_{(1,2)}, g_{(3,1)})$	$m(g_{(1,2)}, g_{(3,2)})$	$m(g_{(1,2)}, g_{(3,3)})$	$m(g_{(2,1)}, g_{(2,2)})$	$m(g_{(2,1)}, g_{(2,3)})$	$m(g_{(2,1)}, g_{(3,1)})$
-0.0364	-0.0332	0	-0.1628	0.0066	0
$m(g_{(2,1)}, g_{(3,2)})$	$m(g_{(2,1)}, g_{(3,3)})$	$m(g_{(2,2)}, g_{(2,3)})$	$m(g_{(2,2)}, g_{(3,1)})$	$m(g_{(2,2)}, g_{(3,2)})$	$m(g_{(2,2)}, g_{(3,3)})$
-0.0384	0.0406	-0.0100	0.0345	-0.0075	-0.0215
$m(g_{(2,3)}, g_{(3,1)})$	$m(g_{(2,3)}, g_{(3,2)})$	$m(g_{(2,3)}, g_{(3,3)})$	$m(g_{(3,1)}, g_{(3,2)})$	$m(g_{(3,1)}, g_{(3,3)})$	$m(g_{(3,2)}, g_{(3,3)})$
0.0856	-0.0162	-0.0638	-0.0066	0.0721	-0.0571

表 4-10　部队作战能力数值

部　队	机动能力	打击能力	保障能力	作战能力
B_1	0.192	0.342	0.186	0.672
B_2	0.146	0.222	0.207	0.604
B_3	0.171	0.222	0.249	0.646
B_4	0.191	0.369	0.359	0.948
B_5	0.137	0.342	0.207	0.679
B_6	0.205	0.319	0.297	0.835
B_7	0.238	0.268	0.290	0.845
B_8	0.205	0.342	0.267	0.763
B_9	0.205	0.369	0.302	0.917
B_{10}	0.192	0.262	0.201	0.671
B_{11}	0.099	0.336	0.216	0.683
B_{12}	0.238	0.277	0.267	0.770

表 4-11　部队作战能力排序

能　力	排　序
机动能力	$B_7 \sim B_{12} \succ B_6 \sim B_8 \sim B_9 \succ B_1 \sim B_{10} \succ B_4 \succ B_3 \succ B_2 \succ B_5 \succ B_{11}$
打击能力	$B_4 \sim B_9 \succ B_1 \sim B_5 \sim B_8 \succ B_{11} \succ B_6 \succ B_{12} \succ B_7 \succ B_{10} \succ B_2 \sim B_3$
保障能力	$B_4 \succ B_9 \succ B_6 \succ B_7 \succ B_8 \sim B_{12} \succ B_3 \succ B_{11} \succ B_2 \sim B_5 \succ B_{10} \succ B_1$
作战能力	$B_4 \succ B_9 \succ B_7 \succ B_6 \succ B_{12} \succ B_8 \succ B_{11} \succ B_5 \succ B_1 \succ B_{10} \succ B_3 \succ B_2$

4.4　本章小结

本章将 ROR 理论用于能力评估，主要完成了以下几方面的工作。

（1）对 ROR 相关理论进行了回顾和总结，简要阐述了 ROR 的基本原理以及极限排序的相关理论，归纳了最具代表性模型参数的选择方法，并作了简要评价。

（2）总结了专家可以提供的 4 类 18 种参考信息，以及这些参考信息对应的约束条件。

（3）提出了 10 组可以从评估参考信息中推断得到的"必然"和"可能"偏好关系，分别给出了两种计算这些偏好关系的方法。

（4）提出了用"必然"偏好关系以及极限排序的结果压缩模型参数的取值空间，进而选择最具代表性的评估模型的方法。

（5）设计了一个评估案例，详细展示了基于 ROR 进行作战能力评估的交互流程。

将 ROR 理论引入作战能力评估中是一种理念上的创新，它将传统的线性评估过程转化为了交互式迭代过程，有效提高了评估的客观性和鲁棒性。ROR 理论不仅可以用于作战能力评估，也可以应用到其他更多的评估问题中，不仅适用于 MCHP 与 Choquet 积分相结合的评估模型，还可以推广到更多的评估模型。ROR 理论在评估领域具有广阔的应用前景，本章则是一次有价值的尝试。

第 5 章

评估参考信息辅助生成方法

高质量的评估参考信息是基于鲁棒有序回归方法进行作战能力评估的必要条件。对于比较复杂的评估问题，专家往往难以直接给出可靠的参考信息，因此，研究评估参考信息的辅助生成方法是整个评估框架不可或缺的环节。以层次分析法为代表的基于两两比较的方法是辅助专家对问题进行分析的有效工具。经过多年的研究，典型的层次分析法在很多方面都进行了改进，基本认知网络过程、最优最劣方法以及使用区间数表示不确定性的方法陆续涌现出来。虽然这些方法都展现出了优良的特性，但是在两两比较判断的一致性和反映专家对于问题的认知两个方面仍然有改进和提高的空间。基于上述考虑，本章分析现有两两比较方法的特点，将其中的优良特性进行组合，提出能够更好辅助专家提供评估参考信息的方法。

5.1 基于两两比较的多准则决策方法

5.1.1 层次分析法

层次分析法[166]（AHP）是最经典和最常用的基于两两比较的多准则决策方法。令 $A = \{a_1, a_2, \cdots, a_m\}$ 为待评估对象的集合，$G = \{g_1, g_2, \cdots, g_n\}$ 为评估指标的集合，AHP 的基本思想是首先将指标进行两两比较，得到指标的相对重要性（权重），然后在每个指标上，对所有待评估对象进行两两比较，得到每个待评估对象在该指标上的得分，最后将这些得分用权重进行聚合，得到每个对象的综合评估值。这里只简要描述指标权重的确定方法。

定义 5 - 1 对于矩阵 $P = [p_{ij}]_{n \times n}$，若对于任意的 $i, j = 1, 2, \cdots, n$，满足：

$$p_{ij} > 0, \ p_{ii} = 1, \ p_{ij}p_{ji} = 1 \tag{5-1}$$

则称 P 为一个比较判断矩阵。

其中，p_{ij} 表示待评估对象 a_i 相对于 a_j 的偏好程度。在 AHP 中，p_{ij} 的取值采用"1-9"比率标度进行表示。

定义 5 - 2 对于比较判断矩阵 $P = [p_{ij}]_{n \times n}$，若对于任意的 $i, j, k = 1, 2, \cdots, n$，满足：

$$p_{ij} = p_{ik} p_{kj} \tag{5-2}$$

则称 $\boldsymbol{P}$ 为一致的比较判断矩阵。

AHP 通过对指标进行两两比较可以得到一个比较判断矩阵 $\boldsymbol{P}$，随着评估问题的复杂化，专家往往难以提供完全一致的比较判断矩阵，因此需要引入一致性度量指标：

$$CI = \frac{\lambda_{\max} - n}{n - 1} \tag{5-3}$$

其中，CI 表示矩阵 $\boldsymbol{P}$ 的一致性指数；n 表示指标数目；$\lambda_{\max}$ 表示矩阵 $\boldsymbol{P}$ 的最大特征值。

为了消除 n 的取值对 CI 取值的影响，引入一致性比率（CR）：

$$CR = \frac{CI}{RI} \tag{5-4}$$

其中，RI 为随机一致性指数，其取值来自多次随机生成矩阵 $\boldsymbol{P}$ 所得到的 CI 的平均值。Saaty 指出，当 CR＜0.1 时，矩阵 $\boldsymbol{P}$ 的一致性是可接受的。

如果矩阵 $\boldsymbol{P}$ 的一致性是可接受的，就可以从中推断指标权重，其中最常用的方法为特征向量法。将最大特征值对应的特征向量进行归一化得到的就是权重向量。此外，还有基于正则化算子的方法、最小二乘法、对数最小二乘法、模糊规划、强化目标规划等方法，详情可参考文献[167]。

5.1.2　基本认知网络过程

Yuen[168, 169] 指出，比率标度有时无法恰当地描述人类对于两个对象之间的差别的认知，因此会给评估决策带来误导。以比较两个人 s 和 t 的身高为例，如果 s 的身高是 1.75 m，t 的身高是 1.76 m，那么可以说 t 略高于 s，此时若采用比率标度，t 与 s 相对于身高的比较结果就是 2，也就是说 t 的身高是 s 的 2 倍，这显然是不合理的。为了弥补比率标度的不足，Yuen 提出了采用差值标度来度量两个对象之间的差别，并在差值比较判断矩阵的基础上提出了基本认知网络过程（P-CNP）。

P-CNP 采用差值标度来描述两个对象之间的比较结果，其对应的数值标度 $\overline{X}$ 为

$$\overline{X} = \{\alpha_i = i\kappa/\tau \mid \forall i \in \{-\tau, \cdots, 0, 1, \cdots, \tau\}, \kappa > 0\} \tag{5-5}$$

其中，κ 是待评估对象的平均效用；$2\tau + 1$ 是标度的数目，$\max(\overline{X}) = \kappa$。为了方便起见，令 $\kappa = \tau$，这样可以确保 $\overline{X}$ 中的值都是整数。表 5-1 给出了从语义标度到比率标度和差值标度（$\tau = \kappa = 8$）的示例。

在 P-CNP 中，比较判断矩阵为 $\boldsymbol{B} = (b_{ij})_{n \times n}$，$b_{ij}$ 的取值用差值标度表示，b_{ij} 的取值满足 $b_{ij} = -b_{ji}$，$i, j = 1, 2, \cdots, n$。

表 5-1　语义标度到比率标度和差值标度的示例

语义标度	比率标度	差值标度
前者与后者同等重要	1	0
前者比后者略微重要	2	1
前者比后者比较重要	3	2

续表

语义标度	比率标度	差值标度
前者比后者中度重要	4	3
前者比后者明显重要	5	4
前者比后者非常重要	6	5
前者比后者特别重要	7	6
前者比后者极其重要	8	7
前者比后者极端重要	9	8
倒数/负数	(1/9 ～ 1)	(−8 ～ 0)

矩阵 $\boldsymbol{B}$ 的一致性可以通过一致性指数（Accordance Index，AI）来度量：

$$\mathrm{AI} = \frac{1}{n^2} \sum_{i=1}^{n} \sum_{j=1}^{n} \sqrt{\frac{1}{n} \sum_{k=1}^{n} \left[\frac{1}{\kappa}(b_{ik} + b_{kj} - b_{ij}) \right]^2} \qquad (5-6)$$

如果 AI=0，那么 $\boldsymbol{B}$ 就是完全一致的；如果 $0 < \mathrm{AI} \leqslant 0.1$，那么 $\boldsymbol{B}$ 的一致性是能够接受的；如果 $\mathrm{AI} > 0.1$，那么 $\boldsymbol{B}$ 的一致性是无法接受的。

Yuen 提出了基本最小二乘模型和加权最小二乘模型来从矩阵 $\boldsymbol{B}$ 中推断效用向量 $\boldsymbol{V} = (v_1, v_2, \cdots, v_n)$。

基本最小二乘模型为

$$\min \Delta = \sum_{i=1}^{n} \sum_{j=i+1}^{n} (b_{ij} - v_i - v_j)^2$$

$$\mathrm{s.\,t.} \begin{cases} \sum_{i=1}^{n} v_i = n\kappa \\ v_i \geqslant 0, \ i = 1, 2, \cdots n \end{cases} \qquad (5-7)$$

基本最小二乘模型存在解析解：

$$v_i = \left(\frac{1}{n} \sum_{j=1}^{n} b_{ij} \right) + \kappa, \quad i = 1, 2, \cdots, n \qquad (5-8)$$

加权最小二乘模型为

$$\min \hat{\Delta} = \sum_{i=1}^{n} \sum_{j=i+1}^{n} \beta_{ij} (b_{ij} - v_i - v_j)^2$$

$$\mathrm{s.\,t.} \begin{cases} \sum_{i=1}^{n} v_i = n\kappa \\ v_i \geqslant 0, \ i = 1, 2, \cdots n \\ \beta_{ij} = \begin{cases} \beta_1, \ (v_i > v_j \ 且 \ b_{ij} > 0) \ 或 (v_i < v_j \ 且 \ b_{ij} < 0) \\ \beta_2, \ (v_i = v_j \ 且 \ b_{ij} \neq 0) \ 或 (v_i \neq v_j \ 且 \ b_{ij} = 0) \\ \beta_3, \ 其他 \end{cases} \\ 1 = \beta_1 \leqslant \beta_2 \leqslant \beta_3 \end{cases} \qquad (5-9)$$

得到效用向量 $\boldsymbol{V} = (v_1, v_2, \cdots, v_n)$ 以后，权重向量 $\boldsymbol{W}$ 可以通过对效用向量进行归一

化得到：

$$W = \left\{ w_i \,\middle|\, w_i = \frac{v_i}{n\kappa},\ i = 1,\ 2,\ \cdots,\ n \right\} \tag{5-10}$$

5.1.3 最优最劣方法

Rezaei[170, 171]指出非结构化地进行两两比较是带来比较判断矩阵不一致的重要原因。为了改善这种情况，Rezaei 提出了最优最劣方法（BWM）。BWM 首先在待比较的对象中找出最优的和最差的对象，然后分别将这两个对象与其他对象进行两两比较，可以得到两个比较判断向量，最后从这两个比较判断向量出发确定所有对象的相对重要性。BWM 相比 AHP 需要的两两比较次数更少，同时可以得到更加一致的比较结果。

BWM 的基本步骤如下。

(1) 确定指标集 $G = \{g_1,\ g_2,\ \cdots,\ g_n\}$。

(2) 确定最重要的指标 g_B 和最不重要的指标 g_w。

(3) 将 g_B 与其他所有指标进行两两比较，得到向量 $\boldsymbol{A}_B = (a_{B1},\ a_{B2},\ \cdots,\ a_{Bn})$。

(4) 将其他所有指标与 g_W 进行两两比较，得到向量 $\boldsymbol{A}_W = (a_{1W},\ a_{2W},\ \cdots,\ a_{nW})$。

(5) 推断指标权重 $\boldsymbol{W} = (w_1,\ w_2,\ \cdots,\ w_n)$。

指标权重可以通过如下线性规划模型求得：

$$\min \xi$$
$$\text{s.t.} \begin{cases} |w_B - a_{Bj}w_j| \leqslant \xi,\ j = 1,\ 2,\ \cdots,\ n \\ |w_j - a_{jW}w_W| \leqslant \xi,\ j = 1,\ 2,\ \cdots,\ n \\ \sum_j w_j = 1 \\ w_j \geqslant 0,\ \forall j = 1,\ 2,\ \cdots,\ n \end{cases} \tag{5-11}$$

自提出以来，BWM 迅速在多个领域得到了应用，如供应商评估与选择[172-174]、供应链管理[175, 176]、效益评估[177]、技术创新发展关键因素评估[178]、生物质热化学转换技术选择[179]、研发绩效评估[180]、投资开发评估[181]、医疗旅游发展战略评估[182]等。

5.1.4 区间型两两比较方法

随着问题的复杂化，在进行两两比较时，专家有时无法提供精确的比较值。针对这个问题，Saaty 和 Vargas[183]首先提出用区间数来表示问题中的模糊性和不确定性，并且使用蒙特卡洛方法从区间型比较判断矩阵（Interval Pairwise Reciprocal Matrix，IPRM）中推断出区间型权重。自此以后，众多学者投入对 IPRM 的研究中，研究的关注点主要集中在 IPRM 的一致性问题和从 IPRM 中推断区间型权重的方法。Arbel[184]将矩阵中的区间数视为权重空间的约束，基于这些约束构建线性规划模型推断指标权重。Kress[185]指出 Arbel[184]的方法有时会存在可行域为空的情况。Islam 等人[186]提出了一种字典序目标规划模型，但是 Wang[187]指出在矩阵的上三角和下三角分别执行 Islam 等人的方法得到的结果是不一致的。Wang 等人[188]通过区间值构建的可行域定义了 IPRM 的一致性，并基于特征值方法设计了一个非线性规划模型用来从不一致的矩阵中推断区间型权重。Sugihara 等人[189]提出了包括上近似和下近似两个模型的区间回归模型。Guo 等人[190]指出当 IPRM 不一致时，Sugihara 等人提出的下近似模型没有可行解，在此基础上，他们提出了一种修正不一致 IPRM 并推断对偶区间权重的方法。Wang 等人[191]提出了一个两阶段目标规划模型，其中，第一阶段最小化不一致性，第二阶段在第一阶段的基础上推断区间型权重。Wang 等人[192]还提出了仅仅求解一个目标规划模型就可以得到所有区间型权重的基于目标规划的方法。Liu[193]基于两个从 IPRM 转化得到的比较判断矩阵定义了 IPRM 的一致性和可接受一致性。Li 等人[194]指出 Liu 的方法对于指标排列不鲁棒，调整指标顺序可能会产生不一致的判断。Conde 等人[195]通过一个线性优化模型定义了 IPRM 的一致性指数，并提出了针对不一致 IPRM 推断区间型权重的方法。Wang[196]定义了 IPRM 的几何一致性，并提出了一个两阶段模型来估计不完整 IPRM 的缺失值。Dong 等人[197]基于对数曼哈顿距离定义了 IPRM 的一致性指数，并设计了求解一致性指数的线性规划模型。他们还提出了改进一致性并推断区间型权重的模型。Zhang[198]基于一个带参数的转换公式提出了一种对数最小二乘方法来推断区间型权重。Meng 等人[199, 200]基于 quasi－IPRM 的概念重新定义了 IPRM 的一致性，并将其与 Wang 等人[188]和 Liu[193]的一致性定义进行了对比分析。Krejčí[201]对已有的关于 IPRM 的一致性定义进行了对比分析，在此基础上，提出了一个新的对指标排列鲁棒的一致性定义。为了简洁起见，本书将上述的基于 IPRM 的两两比较方法统称为区间层次分析法，简称 IAHP。本小节剩余部分将介绍几个相关的基本概念。

定义 5-3 对于区间型矩阵 $\widetilde{A} = (\widetilde{a}_{ij})_{n \times n}$，$\widetilde{a}_{ij} = [a_{ij}^-, a_{ij}^+]$，若对于任意的 $i, j = 1, 2, \cdots, n$，满足：

$$0 < a_{ij}^- \leqslant a_{ij}^+, \; a_{ii}^- = a_{ii}^+ = 1, \; a_{ij}^- a_{ji}^+ = a_{ij}^+ a_{ji}^- = 1 \tag{5-12}$$

则称 $\widetilde{A}$ 为区间型比较判断矩阵（IPRM）[202]。

定义 5-4 对于 IPRM $\widetilde{A} = (\widetilde{a}_{ij})_{n \times n}$，$\widetilde{a}_{ij} = [a_{ij}^-, a_{ij}^+]$，若存在权重向量 $W = (w_1, w_2, \cdots, w_n)$，$w_j \geqslant 0$，$j = 1, 2, \cdots, n$，$\sum_{i=1}^{n} w_i = 1$，对于任意的 $i, j = 1, 2, \cdots, n$，满足：

$$a_{ij}^- \leqslant \frac{w_i}{w_j} \leqslant a_{ij}^+ \tag{5-13}$$

则称 $\widetilde{A}$ 为一致的 IPRM[188]。

本定义为权重向量划定了一个可行域，若可行域为空，则不存在满足公式(5-13)的向量，$\widetilde{A}$ 不一致，反之 $\widetilde{A}$ 一致。本定义也称为基于可行域的一致性定义。

定义 5-5 对于 IPRM $\widetilde{A} = (\widetilde{a}_{ij})_{n \times n}$，$\widetilde{a}_{ij} = [a_{ij}^-, a_{ij}^+]$，若对于任意的 $i, j, k = 1, 2, \cdots, n$，满足：

$$a_{ij}^- a_{ij}^+ = a_{ik}^- a_{ik}^+ a_{kj}^- a_{kj}^+ \tag{5-14}$$

则称 $\widetilde{A}$ 为一致的 IPRM[196]。

本定义主要基于比率标度的传递性特点，因此也称为基于传递性的一致性定义。

定义 5-6 对于区间型向量 $\widetilde{W} = (\widetilde{w}_1, \widetilde{w}_2, \cdots, \widetilde{w}_n)$，$\widetilde{w}_i = [w_i^-, w_i^+]$，若对于任意的 $i, j = 1, 2, \cdots, n$，满足：

$$0 \leqslant w_i^- \leqslant w_i^+ \leqslant 1, \; \sum_{j=1, j \neq i}^{n} w_j^- + w_i^+ \leqslant 1, \; \sum_{j=1, j \neq i}^{n} w_j^+ + w_i^- \geqslant 1 \tag{5-15}$$

则称 $\tilde{W}$ 为标准区间权重向量[189]。

P-CNP 和 BWM 都展现出了优于 AHP 的良好特性，本章剩余部分将综合两种算法的优势，并在不确定条件下基于区间数对它们进行推广。

5.2 认知最优最劣方法

认知最优最劣方法(CBWM)将 P-CNP 使用的差值标度引入 BWM 中，综合了 P-CNP 和 BWM 的优势。

CBWM 与 BWM 的基本步骤是一致的，主要区别是将 BWM 使用的比率标度替换成了差值标度，这里重点论述因引入差值标度而带来的差异。

在 CBWM 算法中，仍然使用 $A_B = (a_{B1}, a_{B2}, \cdots, a_{Bn})$ 来代表最重要的指标与其他指标之间的两两比较结果，$A_W = (a_{1W}, a_{2W}, \cdots, a_{nW})$ 代表其他指标与最不重要的指标之间的两两比较结果，A_B 和 A_W 称为一组比较判断向量。A_B 和 A_W 中的所有元素都采用如表 5-1 所示的差值标度进行描述。令 g_B 为最重要的指标，g_W 为最不重要的指标，a_{Bi} 可以看作是指标 g_B 与 g_i 之间的重要性差别，a_{iW} 可以看作是指标 g_i 与 g_W 之间的重要性差别，a_{BW} 是指标 g_B 与 g_W 之间的重要性差别。a_{BW} 是差别最大的指标之间的差别，因此 a_{BW} 是 A_B 和 A_W 中的最大值，且 $a_{BW} \leqslant \kappa$（κ 是指标的平均效用，$\max(\overline{X}) = \kappa$）。另外需要指出的是 CBWM 的两两比较都是将相对重要的指标与相对不重要的指标进行比较，因此 A_B 和 A_W 中的所有元素都是非负的。

5.2.1 比较判断向量的一致性

定义 5-7 比较判断向量 A_B 和 A_W 是完全一致的，如果它们满足：

$$a_{Bi} - a_{Bj} = a_{jW} - a_{iW}, \quad i, j = 1, 2, \cdots, n \tag{5-16}$$

或

$$a_{Bi} + a_{iW} = a_{BW}, \quad i = 1, 2, \cdots, n \tag{5-17}$$

定理 5-1 公式(5-16)和公式(5-17)是等价的。

证明 从公式(5-16)推出公式(5-17)。根据公式(5-16)可以得到 $\forall i, j = 1, 2, \cdots, n$，$a_{Bi} + a_{iW} = a_{Bj} + a_{jW}$ 成立。令 $j = B$ 或者 $j = W$ 可以得到 $a_{Bi} + a_{iW} = a_{BB} + a_{BW} = a_{BW}$ 或 $a_{Bi} + a_{iW} = a_{BW} + a_{WW} = a_{BW}$ 对任意的 $i = 1, 2, \cdots, n$ 都是成立的，这样公式(5-17)显然成立。

从公式(5-17)推出公式(5-16)。从公式(5-17)显然可以得到 $a_{Bi} + a_{iW} = a_{Bj} + a_{jW} = a_{BW}$ 对于任意的 $i, j = 1, 2, \cdots, n$ 都是成立的，这样通过移项可以得到公式(5-16)。证毕。

类比公式(5-6)，比较判断向量 A_B 和 A_W 的一致性指数(Consistency Index, CI)可以定义为：

$$CI = \sqrt{\frac{1}{n} \sum_{i=1}^{n} \left(\frac{a_{Bi} + a_{iW} - a_{BW}}{\kappa} \right)^2} \tag{5-18}$$

显然，$CI \geqslant 0$。当且仅当 A_B 和 A_W 完全一致时，$CI = 0$。

下面分析公式(5-6)中的 AI 与公式(5-18)中的 CI 之间的关系。AI 与 CI 的基本思想是一致的，都是度量了两两比较结果与完全一致的结果之间的平均偏离程度，而且都采用了差值标度。因此，对于同一个评估问题，这两个指标是可以比较的。

假设 A_B 和 A_W 中除 a_{BW} 以外所有元素都在 $\{0, 1, \cdots, a_{BW}\}$ 中独立随机取值，定义 CI_R 为 CI 的数学期望。

定理 5-2 $CI_R = \sqrt{\dfrac{n-2}{n} \dfrac{a_{BW}^2 + 2a_{BW}}{6\kappa^2}}$。

证明 令 $\Delta_i = \left(\dfrac{a_{Bi} + a_{iW} - a_{BW}}{\kappa}\right)^2$，当第 i 个指标是最重要的或最不重要的指标时，$\Delta_i = 0$，否则 Δ_i 的取值在区间 $\left[0, \dfrac{a_{BW}^2}{\kappa^2}\right]$ 内，且其对应的概率分布如表 5-2 所示。容易证明 $\sum\limits_{k=0}^{a_{BW}} p\left(\Delta_i = \dfrac{k^2}{\kappa^2}\right) = 1$。

表 5-2　Δ_i 的概率分布

Δ_i	0	$\dfrac{1}{\kappa^2}$	$\cdots$	$\dfrac{k^2}{\kappa^2}$	$\cdots$	$\dfrac{a_{BW}^2}{\kappa^2}$
$p(\Delta_i)$	$\dfrac{a_{BW}+1}{(a_{BW}+1)^2}$	$\dfrac{2a_{BW}}{(a_{BW}+1)^2}$	$\cdots$	$\dfrac{2(a_{BW}+1-k)}{(a_{BW}+1)^2}$	$\cdots$	$\dfrac{2}{(a_{BW}+1)^2}$

根据 Δ_i 的概率分布，可以计算 Δ_i 的期望：

$$E(\Delta_i) = \sum_{k=1}^{a_{BW}} \frac{k^2}{\kappa^2} \frac{2(a_{BW}+1-k)}{(a_{BW}+1)^2}$$

$$= \frac{2}{\kappa^2(a_{BW}+1)^2}\left[\sum_{k=1}^{a_{BW}}(a_{BW}+1)k^2 - \sum_{k=1}^{\tau}k^3\right]$$

$$= \frac{2}{\kappa^2(a_{BW}+1)^2}\left[(a_{BW}+1)\frac{a_{BW}(a_{BW}+1)(2a_{BW}+1)}{6} - \frac{a_{BW}^2(a_{BW}+1)^2}{4}\right]$$

$$= \frac{a_{BW}^2 + 2a_{BW}}{6\kappa^2} \tag{5-19}$$

由此可以得到 $CI_R = E\left(\sqrt{\dfrac{1}{n}\sum\limits_{i=1}^{n}\Delta_i}\right) = \sqrt{\dfrac{n-2}{n}\dfrac{a_{BW}^2 + 2a_{BW}}{6\kappa^2}}$。证毕。

对于 AI，假设比较判断矩阵 B 中的所有元素都在集合 $\{-a_{BW}, \cdots, -1, 0, 1, \cdots, a_{BW}\}$ 中独立随机取值，同时满足 $b_{ij} = -b_{ji}$，定义 AI_R 为 AI 的数学期望。采用仿真的方法求取 AI_R，每次仿真都按照前述的方式随机生成比较判断矩阵，并计算 AI，取 10 000 次仿真的平均值作为对 AI_R 的估计。

表 5-3 给出了在不同的指标数目 n 和平均效用 κ 下，当 $a_{BW} = \kappa$ 时，AI_R 和 CI_R 的取值情况。从表 5-3 中的数据可以看出，在给定 n 和 κ 的情况下，$AI_R > CI_R$，也就是说 CBWM 比 P-CNP 更容易得到比较一致的两两比较结果。出现这种现象的主要原因是 A_B 和 A_W 中的所有元素都是非负的，而 P-CNP 的比较判断矩阵 B 中的元素既可以为正也可以为负，这就导致了 $\left(\dfrac{a_{Bi} + a_{iW} - a_{BW}}{\kappa}\right)^2$ 的最大值是 1，而 $\left(\dfrac{b_{ik} + b_{kj} - b_{ij}}{\kappa}\right)^2$ 的最大值是 9。

表 5 - 3　AI_R 和 CI_R 在不同 n 和 κ 下的取值

n		3	4	5	6	7	8	9	10	11
$\kappa=5$	CI_R	0.279	0.342	0.374	0.394	0.408	0.418	0.426	0.432	0.437
	AI_R	0.341	0.520	0.629	0.703	0.756	0.797	0.827	0.852	0.873
$\kappa=6$	CI_R	0.272	0.333	0.365	0.385	0.398	0.408	0.416	0.422	0.426
	AI_R	0.337	0.512	0.621	0.694	0.746	0.785	0.816	0.841	0.861
$\kappa=7$	CI_R	0.267	0.327	0.359	0.378	0.391	0.401	0.408	0.414	0.419
	AI_R	0.335	0.508	0.615	0.686	0.738	0.777	0.807	0.831	0.852
$\kappa=8$	CI_R	0.264	0.323	0.354	0.373	0.386	0.295	0.403	0.408	0.412
	AI_R	0.330	0.504	0.609	0.681	0.731	0.770	0.801	0.825	0.846
$\kappa=9$	CI_R	0.261	0.319	0.350	0.369	0.381	0.391	0.398	0.404	0.408
	AI_R	0.330	0.501	0.605	0.677	0.727	0.766	0.795	0.820	0.840

CBWM 相对于 P-CNP 的另一个优势是可以更方便地对一致性进行检验，并定位到引起不一致的主要原因。表 5 - 4 给出了一种可视化的一致性检查工具。第 1 行和第 2 行分别是 $\boldsymbol{A}_B$ 和 $\boldsymbol{A}_W$ 的取值，将第 1 行与第 2 行对应相加然后与 a_{BW} 进行比较。如果 $a_{Bi}+a_{iW}$ 与 a_{BW} 的差别过大，那么就要对第 i 个指标进行重新考虑，以便得到更一致的结果。对于 P-CNP 来说，虽然能够计算一致性指数，但计算过程显然比表 5 - 4 复杂，而且如果一致性不高，难以判断不一致的具体位置。

表 5 - 4　一致性检查表

	g_1	g_2	$\cdots$	g_B	$\cdots$	g_W	$\cdots$	g_n
$\boldsymbol{A}_B$	a_{B1}	a_{B2}	$\cdots$	0	$\cdots$	a_{BW}	$\cdots$	a_{Bn}
$\boldsymbol{A}_W$	a_{1W}	a_{2W}	$\cdots$	a_{BW}	$\cdots$	0	$\cdots$	a_{nW}
$a_{Bi}+a_{iW}$	$a_{B1}+a_{1W}$	$a_{B2}+a_{2W}$	$\cdots$	$0+a_{BW}$	$\cdots$	$a_{BW}+0$	$\cdots$	$a_{Bn}+a_{nW}$
判断	$=?$	$=?$		$=?$		$=?$		$=?$
a_{BW}	a_{BW}	a_{BW}		a_{BW}		a_{BW}		a_{BW}

5.2.2　推断权重向量

由于使用差值标度，CBWM 也无法直接推断权重向量，只能通过推断效用向量，再进行归一化的方式得到权重向量。

定理 5 - 3   如果 A_B 和 A_W 完全一致,那么效用向量 $\boldsymbol{V}=(v_1,v_2,\cdots,v_n)$ 可以通过以下两个公式计算得到:

$$v_i=\frac{1}{n}\sum_{j=1}^{n}a_{Bj}+\kappa-a_{Bi} \tag{5-20}$$

$$v_i=\kappa-\frac{1}{n}\sum_{j=1}^{n}a_{jW}+a_{iW} \tag{5-21}$$

证明   当 A_B 和 A_W 完全一致时,$\forall j=1,2,\cdots,n$,$a_{Bj}=v_B-v_j$,$a_{jW}=v_j-v_W$。由此可以得到 $\sum_{j=1}^{n}a_{Bj}=nv_B-\sum_{j=1}^{n}v_j=n(v_B-\kappa)$,$\frac{1}{n}\sum_{j=1}^{n}a_{Bj}+\kappa-a_{Bi}=v_B-(v_B-v_i)=v_i$,公式(5-20)成立,同时 $\sum_{j=1}^{n}a_{jW}=\sum_{j=1}^{n}v_j-nv_W=n(\kappa-v_W)$,$\kappa-\frac{1}{n}\sum_{j=1}^{n}a_{jW}+a_{iW}=v_W+(v_i-v_W)=v_i$,公式(5-21)成立。证毕。

当 A_B 和 A_W 不完全一致时,CBWM 分别采用最小化最大偏差(Minimize Maximal Deviation,MMD)和最小化总平方偏差(Minimize Total Deviation,MTD)两种方式推断效用向量。

MMD 模型为

$$\min \max_{i}\{|v_B-v_i-a_{Bi}|,|v_i-v_W-a_{iW}|\}$$

$$\text{s. t.}\begin{cases}\sum_{i=1}^{n}v_i=n\kappa\\ v_i\geqslant 0,i=1,2,\cdots,n\end{cases} \tag{5-22}$$

其中,v_B 表示最重要指标 g_B 的效用;v_W 表示最不重要指标 g_W 的效用;v_i 表示指标 g_i 的效用。

MMD 模型可以转化成下面的线性模型:

$$\min \xi$$

$$\text{s. t.}\begin{cases}|v_B-v_i-a_{Bi}|\leqslant\xi,i=1,2,\cdots,n\\ |v_i-v_W-a_{iW}|\leqslant\xi,i=1,2,\cdots,n\\ \sum_{i=1}^{n}v_i=n\kappa\\ v_i\geqslant 0,i=1,2,\cdots,n\end{cases} \tag{5-23}$$

MTD 模型为

$$\sum_{i=1}^{n}[(v_B-v_i-a_{Bi})^2+(v_i-v_W-a_{iW})^2]$$

$$\text{s. t.}\begin{cases}\sum_{i=1}^{n}v_i=n\kappa\\ v_i\geqslant 0,i=1,2,\cdots,n\end{cases} \tag{5-24}$$

MTD 模型存在解析解:

$$v_i = \begin{cases} \dfrac{v_B + v_W + a_{iW} - a_{Bi}}{2}, & i \neq B,\ i \neq W \\[3mm] \kappa + \dfrac{n+1}{n(n+2)}\sum_{j=1}^{n} a_{Bj} - \dfrac{1}{n(n+2)}\sum_{j=1}^{n} a_{jW} + \dfrac{a_{BW}}{n+2}, & i = B \\[3mm] \kappa + \dfrac{1}{n(n+2)}\sum_{j=1}^{n} a_{Bj} - \dfrac{n+1}{n(n+2)}\sum_{j=1}^{n} a_{jW} - \dfrac{a_{BW}}{n+2}, & i = W \end{cases} \qquad (5-25)$$

通过模型(5-23)或公式(5-25)可以计算得到效用向量 $\boldsymbol{V}=(v_1,\ v_2,\ \cdots,\ v_n)$，通过对 $\boldsymbol{V}$ 进行归一化可以得到权重向量 $\boldsymbol{W}=\left(\dfrac{v_1}{n\kappa},\ \dfrac{v_2}{n\kappa},\ \cdots,\ \dfrac{v_n}{n\kappa}\right)$。

5.2.3 数值案例

例 5-1 假设需要确定 4 个指标 $\{c_1,\ c_2,\ c_3,\ c_4\}$ 的权重，经专家分析，c_1 是最重要的指标，c_2 是最不重要的指标，比较判断向量为 $\boldsymbol{A}_B=(0,\ 8,\ 5,\ 6)$ 和 $\boldsymbol{A}_W=(8,\ 0,\ 3,\ 2)$，其中，$\tau=\kappa=8$。

首先根据公式(5-18)计算得到 CI=0，因此 $\boldsymbol{A}_B$ 和 $\boldsymbol{A}_W$ 是完全一致的，使用公式(5-20)或公式(5-21)可以计算得到效用向量 $\boldsymbol{V}=(12.74,\ 4.75,\ 7.75,\ 6.75)$，相应地，权重向量为 $\boldsymbol{W}=(0.398,\ 0.148,\ 0.242,\ 0.212)$。

例 5-2 假设需要确定 3 个指标 $\{c_1,\ c_2,\ c_3\}$ 的权重，经专家分析，c_3 是最重要的指标，c_1 是最不重要的指标，比较判断向量为 $\boldsymbol{A}_B=(7,\ 1,\ 0)$ 和 $\boldsymbol{A}_W=(0,\ 4,\ 7)$，其中，$\tau=\kappa=8$。

首先计算一致性指数 CI=0.144，因此，$\boldsymbol{A}_B$ 和 $\boldsymbol{A}_W$ 不是完全一致的。使用 MMD 模型可以得到效用向量 $\boldsymbol{V}=(4.33,\ 9.0,\ 10.67)$，对应的权重向量为 $\boldsymbol{W}=(0.181,\ 0.375,\ 0.444)$；使用 MTD 模型可以得到效用向量 $\boldsymbol{V}=(4.2,\ 9.0,\ 10.8)$，对应的权重向量为 $\boldsymbol{W}=(0.175,\ 0.374,\ 0.45)$。

例 5-3 假设需要对 9 个待评估对象 $\{C_1,\ C_2,\ \cdots,\ C_9\}$ 进行排序，排序主要依据对象在 6 个指标 $\{g_1,\ g_2,\ \cdots,\ g_6\}$ 上的表现。表 5-5 给出了指标之间以及每个指标上不同对象之间的比较判断向量，向量元素用差值标度表示，表 5-6 给出了在比率标度下的对应表示。本例的主要目的是将 CBWM 和 BWM 进行对比。

表 5-5 基于差值标度的比较判断向量

指标	$\boldsymbol{A}_B$	$\boldsymbol{A}_W$
指标	(0, 1, 5, 2, 2, 4)	(5, 4, 0, 3, 3, 1)
g_1	(0, 4, 2, 8, 5, 6, 2, 3, 6)	(8, 3, 6, 0, 4, 3, 7, 5, 2)
g_2	(3, 0, 8, 2, 5, 25, 4, 4, 6)	(6, 8, 0, 4, 2, 5, 4, 4, 2)
g_3	(2, 5, 6, 3, 4, 8, 0, 1, 3)	(5, 4, 2, 5, 4, 0, 8, 6, 5)
g_4	(7, 5, 2, 1, 3, 2, 4, 0, 2)	(0, 1, 6, 6, 4, 5, 3, 7, 5)
g_5	(3, 2, 5, 6, 2, 4, 0, 3, 6)	(3, 4, 1, 0, 4, 2, 6, 3, 0)
g_6	(3, 4, 0, 2, 1, 8, 7, 5, 0)	(5, 5, 8, 7, 5, 0, 2, 3, 8)

表 5-6 基于比率标度的比较判断向量

	A_B	A_W
指标	(1, 2, 6, 3, 3, 5)	(6, 5, 1, 4, 4, 2)
g_1	(1, 5, 3, 9, 6, 7, 3, 4, 7)	(9, 4, 7, 1, 5, 4, 8, 6, 3)
g_2	(4, 1, 9, 3, 6, 6, 5, 5, 7)	(7, 9, 1, 5, 3, 6, 5, 5, 3)
g_3	(3, 6, 7, 4, 5, 9, 1, 2, 4)	(6, 5, 3, 6, 5, 1, 9, 7, 6)
g_4	(8, 6, 3, 2, 4, 3, 5, 1, 3)	(1, 2, 7, 7, 5, 6, 4, 8, 6)
g_5	(4, 3, 6, 7, 3, 5, 1, 4, 7)	(4, 5, 2, 1, 5, 3, 7, 4, 1)
g_6	(4, 5, 1, 3, 2, 9, 8, 6, 1)	(6, 6, 9, 8, 6, 1, 3, 4, 9)

表 5-7～表 5-9 分别给出了基于 MMD、MTD 以及 BWM 计算得到的权重和排序结果。在表中，第 1 行的数字表示指标的权重，每个指标所对应的列表示在该指标上每个对象的表现，"评价值"列表示每个对象的综合得分，"排序"列表示根据评价值每个对象所对应的排序序号。从这 3 张表中的结果可以看出，本书提出的 CBWM 与 MMD、MTD 模型得到的结果非常接近，对象的排序都是 $C_7 > C_8 > C_1 > C_2 > C_5 > C_3 > C_4 > C_9 > C_6$，而 BWM 得到的结果与 CBWM 存在较大的差异，对象的排序为 $C_1 > C_7 > C_2 > C_8 > C_3 > C_5 > C_4 > C_9 > C_6$。

表 5-7 基于 MMD 计算得到的权重和排序结果

参评对象	g_1	g_2	g_3	g_4	g_5	g_6	评价值	排序
	0.215	0.194	0.111	0.174	0.174	0.132		
C_1	0.166	0.134	0.127	0.055	0.117	0.115	0.121	3
C_2	0.103	0.169	0.099	0.076	0.131	0.108	0.116	4
C_3	0.136	0.057	0.078	0.131	0.090	0.153	0.108	6
C_4	0.055	0.127	0.118	0.136	0.076	0.136	0.104	7
C_5	0.103	0.092	0.105	0.109	0.131	0.129	0.110	5
C_6	0.089	0.113	0.051	0.122	0.103	0.049	0.092	9
C_7	0.145	0.113	0.162	0.097	0.159	0.066	0.124	1
C_8	0.122	0.113	0.141	0.152	0.117	0.087	0.122	2
C_9	0.082	0.083	0.118	0.122	0.076	0.157	0.102	8

表 5-8 基于 MTD 计算得到的权重和排序结果

参评对象	g_1	g_2	g_3	g_4	g_5	g_6	评价值	排序
	0.215	0.194	0.111	0.174	0.174	0.132		
C_1	0.166	0.134	0.127	0.054	0.117	0.115	0.121	3
C_2	0.103	0.168	0.099	0.075	0.131	0.108	0.116	4

参评对象	g_1	g_2	g_3	g_4	g_5	g_6	评价值	排序
	0.215	0.194	0.111	0.174	0.174	0.132		
C_3	0.137	0.057	0.078	0.130	0.090	0.157	0.108	6
C_4	0.053	0.127	0.120	0.137	0.076	0.136	0.104	7
C_5	0.103	0.092	0.106	0.110	0.131	0.129	0.110	5
C_6	0.089	0.113	0.051	0.124	0.103	0.045	0.092	9
C_7	0.144	0.113	0.161	0.096	0.159	0.066	0.124	1
C_8	0.124	0.113	0.140	0.151	0.117	0.087	0.122	2
C_9	0.082	0.085	0.120	0.124	0.076	0.157	0.103	8

表 5 - 9　基于 BWM 计算得到的权重和排序结果

参评对象	g_1	g_2	g_3	g_4	g_5	g_6	评价值	排序
	0.366	0.213	0.051	0.142	0.142	0.085		
C_1	0.328	0.108	0.122	0.025	0.096	0.077	0.173	1
C_2	0.082	0.340	0.061	0.056	0.127	0.062	0.137	3
C_3	0.137	0.028	0.052	0.111	0.064	0.247	0.105	5
C_4	0.027	0.144	0.092	0.167	0.055	0.103	0.086	7
C_5	0.068	0.072	0.073	0.084	0.127	0.154	0.087	6
C_6	0.059	0.072	0.026	0.111	0.076	0.021	0.067	9
C_7	0.137	0.087	0.299	0.067	0.322	0.039	0.142	2
C_8	0.103	0.087	0.183	0.268	0.096	0.051	0.121	4
C_9	0.059	0.062	0.092	0.111	0.038	0.247	0.082	8

为了对比 CBWM 和 BWM 的结果，引入拟合误差的概念。

对于 CBWM，拟合误差定义为

$$T_{\text{CBWM}} = \frac{1}{2n} \sum_{i=1}^{n} \left\{ \left[a_{Bi} - (v_B - v_i) \right]^2 + \left[a_{iW} - (v_i - v_W) \right]^2 \right\} \tag{5-26}$$

对于 BWM，拟合误差定义为

$$T_{\text{BWM}} = \frac{1}{2n} \sum_{i=1}^{n} \left[\left(a_{Bi} - \frac{w_B}{w_i} \right)^2 + \left(a_{iW} - \frac{w_i}{w_W} \right)^2 \right] \tag{5-27}$$

显然，拟合误差的取值越小，表示所采取的算法越能够准确反映专家对于问题的认知。表 5 - 10 分别给出了 BWM、MMD 以及 MTD 等 3 个模型的计算结果对应的拟合误差值。从表中可以看出，CBWM 的两个模型的拟合误差显著小于 BWM，因此得到的结果更加可靠。

表 5 - 10   拟合误差对比

模型	指标	g_1	g_2	g_3	g_4	g_5	g_6
BWM	0.622	3.068	3.342	2.497	1.918	1.089	3.444
MMD	0	0.116	0.280	0.088	0.065	0	0.299
MTD	0	0.101	0.278	0.081	0.056	0	0.192

从上述的理论分析和数值案例可以看出，相对于 P-CNP，CBWM 更容易得到比较一致的两两比较结果；相对于 BWM，CBWM 得到的结果更可靠。因此，CBWM 兼具了 P-CNP 和 BWM 的优势，能够辅助专家提供更加可靠的评估参考信息。

5.3   区间认知网络过程

区间认知网络过程(I-CNP)对 P-CNP 进行了扩展，使其能够处理不确定性信息，同时，I-CNP 将 IPRM 中的比率标度替换为差值标度，得到区间型互反判断矩阵（Interval Pairwise Opposite Matrix，IPOM），使其能够更好地反映人的认知。I-CNP 与 P-CNP 的基本思想是一致的，区别主要在于 IPOM 的一致性定义以及区间型权重的推断问题。本节给出了两种 IPOM 的一致性定义，并基于这两种定义设计了两种权重推断方法。

5.3.1   IPOM 的一致性

定义 5 - 8   对于区间型矩阵 $\tilde{\boldsymbol{B}} = (\tilde{b}_{ij})_{n \times n}$，$\tilde{b}_{ij} = [b_{ij}^-, b_{ij}^+]$，若对于任意的 $i, j = 1, 2, \cdots, n$，满足：

$$-\kappa \leqslant b_{ij}^- \leqslant b_{ij}^+ \leqslant \kappa, \ b_{ii}^- = b_{ii}^+ = 0, \ b_{ij}^- + b_{ji}^+ = b_{ij}^+ + b_{ji}^- = 0 \qquad (5-28)$$

则称 $\tilde{\boldsymbol{B}}$ 为 IPOM。

由于差值标度需要首先计算效用向量，然后才能得到权重向量，此处给出标准区间型效用向量的概念。

定义 5 - 9   对于区间型向量 $\tilde{\boldsymbol{V}} = (\tilde{v}_1, \tilde{v}_2, \cdots, \tilde{v}_n)$，$\tilde{v}_i = [v_i^-, v_i^+]$，若对于任意的 $i, j = 1, 2, \cdots, n$，满足：

$$0 \leqslant v_i^- \leqslant v_i^+, \ v_i^+ + \sum_{j=1, j \neq i}^{n} v_j^- \leqslant n\kappa, \ v_i^- + \sum_{j=1, j \neq i}^{n} v_j^+ \geqslant n\kappa \qquad (5-29)$$

则称 $\tilde{\boldsymbol{V}}$ 为标准区间型效用向量。

1. 基于可行域的一致性定义

定义 5 - 10   对于 IPOM $\tilde{\boldsymbol{B}} = (\tilde{b}_{ij})_{n \times n}$，$\tilde{b}_{ij} = [b_{ij}^-, b_{ij}^+]$，若可行域 S_V 不为空，则 $\tilde{\boldsymbol{B}}$ 是一致的。

$$S_V = \left\{ \boldsymbol{V} = (v_1, v_2, \cdots, v_n) \ \middle| \ \begin{array}{l} b_{ij}^- \leqslant v_i - v_j \leqslant b_{ij}^+, \ i, j = 1, 2, \cdots, n \\ \displaystyle\sum_{i=1}^{n} v_i = n\kappa \\ v_i \geqslant 0, \ i = 1, 2, \cdots, n \end{array} \right\} \qquad (5-30)$$

容易证明，如果 $\tilde{B}$ 中的区间数都变成精确值，那么定义 5-10 在 P-CNP 中仍然适用。

定理 5-4　IPOM $\tilde{B}=(\tilde{b}_{ij})_{n\times n}$，$\tilde{b}_{ij}=[b_{ij}^-,b_{ij}^+]$ 是一致的，当且仅当对于任意的 $i,j,k=1,2,\cdots,n$，满足：

$$\max_k(b_{ik}^-+b_{kj}^-)\leqslant\min_k(b_{ik}^++b_{kj}^+) \tag{5-31}$$

证明　当 $\tilde{B}$ 一致时，S_V 不为空，那么下列不等式必然成立：

$$b_{ik}^-\leqslant v_i-v_k\leqslant b_{ik}^+,\ i,k=1,2,\cdots,n \tag{5-32}$$

$$b_{kj}^-\leqslant v_k-v_j\leqslant b_{kj}^+,\ i,k=1,2,\cdots,n \tag{5-33}$$

将公式 (5-32) 和 (5-33) 相加可以得到：

$$b_{ik}^-+b_{kj}^-\leqslant v_i-v_j\leqslant b_{ik}^++b_{kj}^+,\ i,j,k=1,2,\cdots,n \tag{5-34}$$

由于公式 (5-34) 对于任意的 $k=1,2,\cdots,n$ 都成立，那么必有 $\max_k(b_{ik}^-+b_{kj}^-)\leqslant\min_k(b_{ik}^++b_{kj}^+)$ 对于任意的 $i,j,k=1,2,\cdots,n$ 都成立。

同样地，如果公式 (5-31) 成立，那么对于任意的 $i,j=1,2,\cdots,n$，都有 $b_{ij}^-\leqslant v_i-v_j\leqslant b_{ij}^+$，也就是说 S_V 不为空，$\tilde{B}$ 一致。证毕。

定理 5-4 可以在不借助任何规划模型的前提下对 IPOM 的一致性进行检查。

2. 基于传递性的一致性定义

定义 5-11　对于 IPOM $\tilde{B}=(\tilde{b}_{ij})_{n\times n}$，$\tilde{b}_{ij}=[b_{ij}^-,b_{ij}^+]$，如果 $\forall i,j,k=1,2,\cdots,n$，满足：

$$\tilde{b}_{ij}+\tilde{b}_{jk}+\tilde{b}_{ki}=\tilde{b}_{kj}+\tilde{b}_{ji}+\tilde{b}_{ik} \tag{5-35}$$

则 $\tilde{B}$ 是一致的。

如果 $\tilde{B}$ 中的区间数都变成精确值，那么定义 5-11 在 P-CNP 中仍然适用。同时，定义 5-11 是比定义 5-10 更加严格的一致性定义，因此，如果一个 IPOM $\tilde{B}$ 根据定义 5-11 是一致的，那么其根据定义 5-10 也必然是一致的。

令 $\tilde{V}=(\tilde{v}_1,\tilde{v}_2,\cdots,\tilde{v}_n)$，$\tilde{v}_i=[v_i^-,v_i^+]$ 为一个标准区间型效用向量，构建区间型矩阵 $\tilde{P}=(\tilde{p}_{ij})_{n\times n}$ 使其满足：

$$\tilde{p}_{ij}=[p_{ij}^-,p_{ij}^+]=\begin{cases}[0,0], & i=j\\ [v_i^--v_j^+,v_i^+-v_j^-], & i\neq j\end{cases} \tag{5-36}$$

定理 5-5　根据定义 5-11，$\tilde{P}$ 是一个一致的 IPOM。

证明　首先证明 $\tilde{P}$ 是一个 IPOM。由于 $\tilde{V}$ 是标准区间型效用向量，必有 $v_i^--v_j^+\leqslant v_i^+-v_j^-$，因此，对于任意的 $i,j=1,2,\cdots,n$，$p_{ij}^-+p_{ji}^+=v_i^--v_j^++v_j^+-v_i^-=0$ 和 $p_{ij}^++p_{ji}^-=v_i^+-v_j^-+v_j^--v_i^+=0$ 成立。由定义 5-8 可得 $\tilde{P}$ 是一个 IPOM。对于任意的 $i,j,k=1,2,\cdots,n$，可以进行下面的演算：

$$\begin{aligned}&\tilde{p}_{ij}+\tilde{p}_{jk}+\tilde{p}_{ki}\\ &=[(v_i^--v_j^+)+(v_j^--v_k^+)+(v_k^--v_i^+),(v_i^+-v_j^-)+(v_j^+-v_k^-)+(v_k^+-v_i^-)]\\ &=[(v_k^--v_j^+)+(v_j^--v_i^+)+(v_i^--v_k^+),(v_k^+-v_j^-)+(v_j^+-v_i^-)+(v_i^+-v_k^-)]\\ &=\tilde{p}_{kj}+\tilde{p}_{ji}+\tilde{p}_{ik}\end{aligned} \tag{5-37}$$

因此，$\widetilde{P}$ 是一个一致的 IPOM。证毕。

推论 5-1 对于 IPOM $\widetilde{B} = (\widetilde{b}_{ij})_{n\times n}$，$\widetilde{b}_{ij} = [b_{ij}^-, b_{ij}^+]$，如果存在一个标准区间型效用向量 $\widetilde{V} = (\widetilde{v}_1, \widetilde{v}_2, \cdots, \widetilde{v}_n)$，$\widetilde{v}_i = [v_i^-, v_i^+]$，使得：

$$\widetilde{b}_{ij} = [b_{ij}^-, b_{ij}^+] = \begin{cases} [0, 0], & i = j \\ [v_i^- - v_j^+, v_i^+ - v_j^-], & i \neq j \end{cases} \tag{5-38}$$

那么根据定义 5-11，$\widetilde{B}$ 是一致的。

5.3.2 推断区间型效用向量

1. 从基于可行域的一致性定义中推断区间型效用向量

如果一个 IPOM $\widetilde{B} = (\widetilde{b}_{ij})_{n\times n}$，$\widetilde{b}_{ij} = [b_{ij}^-, b_{ij}^+]$ 根据定义 5-10 是一致的，那么区间型效用向量 $\widetilde{V} = (\widetilde{v}_1, \widetilde{v}_2, \cdots, \widetilde{v}_n)$，$\widetilde{v}_i = [v_i^-, v_i^+]$ 可以通过下面两个模型得到：

$$v_i^- = \min v_i \text{ s.t. } S_V, i = 1, 2, \cdots, n \tag{5-39}$$
$$v_i^+ = \max v_i \text{ s.t. } S_V, i = 1, 2, \cdots, n \tag{5-40}$$

由于对于任意的 $i, j = 1, 2, \cdots, n$，有 $v_j - v_i \geqslant v_{ji}^- \Leftrightarrow v_i - v_j \leqslant v_{ij}^+$，$v_j - v_i \leqslant v_{ji}^+ \Leftrightarrow v_i - v_j \geqslant v_{ij}^-$，模型式(5-39)和模型式(5-40)可以通过只使用矩阵 $\widetilde{B}$ 的上三角中的元素简化为如下两个模型：

$$v_i^- = \min v_i$$
$$\text{s.t.} \begin{cases} v_i - v_j \geqslant b_{ij}^-, i = 1, 2, \cdots, n-1, j = i+1, \cdots, n \\ v_i - v_j \leqslant b_{ij}^+, i = 1, 2, \cdots, n-1, j = i+1, \cdots, n \\ \sum_{i=1}^{n} v_i = n\kappa \\ v_i \geqslant 0, i = 1, 2, \cdots, n \end{cases} \tag{5-41}$$

$$v_i^+ = \max v_i$$
$$\text{s.t.} \begin{cases} v_i - v_j \geqslant b_{ij}^-, i = 1, 2, \cdots, n-1, j = i+1, \cdots, n \\ v_i - v_j \leqslant b_{ij}^+, i = 1, 2, \cdots, n-1, j = i+1, \cdots, n \\ \sum_{i=1}^{n} v_i = n\kappa \\ v_i \geqslant 0, i = 1, 2, \cdots, n \end{cases} \tag{5-42}$$

如果 $\widetilde{B}$ 是不一致的，那么模型式(5-41)和模型式(5-42)的可行域为空，无法用来求解区间型效用向量。为了解决这个问题，通过引入松弛变量 p_{ij} 和 q_{ij}，$i = 1, 2, \cdots, n-1$，$j = i+1, \cdots, n$，对约束条件进行松弛，使其满足：

$$b_{ij}^- - p_{ij} \leqslant v_i - v_j \leqslant b_{ij}^+ + q_{ij}, i = 1, 2, \cdots, n-1, j = i+1, \cdots, n \tag{5-43}$$

显然，p_{ij} 和 q_{ij} 的取值越小，$\widetilde{B}$ 就越接近一个一致的 IPOM，于是可以得到如下线性规划模型：

$$\min J_1 = \sum_{i=1}^{n-1} \sum_{j=i+1}^{n} (p_{ij} + q_{ij})$$

$$\text{s. t.} \begin{cases} v_i - v_j \geqslant b_{ij}^- - p_{ij}, \ i = 1, 2, \cdots, n-1, \ j = i+1, \cdots, n \\ v_i - v_j \leqslant b_{ij}^+ + q_{ij}, \ i = 1, 2, \cdots, n-1, \ j = i+1, \cdots, n \\ p_{ij}, q_{ij} \geqslant 0, \ i = 1, 2, \cdots, n-1, \ j = i+1, \cdots, n \\ \sum_{i=1}^{n} v_i = n\kappa \\ v_i \geqslant 0, \ i = 1, 2, \cdots, n \end{cases} \quad (5-44)$$

如果 $J_1^* = \min J_1 = 0$，那么 $\widetilde{\boldsymbol{B}}$ 就是一致的，否则 $\widetilde{\boldsymbol{B}}$ 就是不一致的。对于不一致的 $\widetilde{\boldsymbol{B}}$，区间型效用向量可以通过如下两个模型求得：

$$v_i^- = \min v_i$$

$$\text{s. t.} \begin{cases} v_i - v_j \geqslant b_{ij}^- - p_{ij}, \ i = 1, 2, \cdots, n-1, \ j = i+1, \cdots, n \\ v_i - v_j \leqslant b_{ij}^+ + q_{ij}, \ i = 1, 2, \cdots, n-1, \ j = i+1, \cdots, n \\ p_{ij}, q_{ij} \geqslant 0, \ i = 1, 2, \cdots, n-1, \ j = i+1, \cdots, n \\ \sum_{i=1}^{n} v_i = n\kappa \\ v_i \geqslant 0, \ i = 1, 2, \cdots, n \\ \sum_{i=1}^{n-1} \sum_{j=i+1}^{n} (p_{ij} + q_{ij}) \leqslant J_1^* \end{cases} \quad (5-45)$$

$$v_i^+ = \max v_i$$

$$\text{s. t.} \begin{cases} v_i - v_j \geqslant b_{ij}^- - p_{ij}, \ i = 1, 2, \cdots, n-1, \ j = i+1, \cdots, n \\ v_i - v_j \leqslant b_{ij}^+ + q_{ij}, \ i = 1, 2, \cdots, n-1, \ j = i+1, \cdots, n \\ p_{ij}, q_{ij} \geqslant 0, \ i = 1, 2, \cdots, n-1, \ j = i+1, \cdots, n \\ \sum_{i=1}^{n} v_i = n\kappa \\ v_i \geqslant 0, \ i = 1, 2, \cdots, n \\ \sum_{i=1}^{n-1} \sum_{j=i+1}^{n} (p_{ij} + q_{ij}) \leqslant J_1^* \end{cases} \quad (5-46)$$

2. 从基于传递性的一致性定义中推断区间型效用向量

从基于传递性的一致性定义中推断区间型效用向量 $\widetilde{\boldsymbol{V}} = (\tilde{v}_1, \tilde{v}_2, \cdots, \tilde{v}_n)$，$\tilde{v}_i = [v_i^-, v_i^+]$ 的基本思路是使得 $[v_i^- - v_j^+, v_i^+ - v_j^-]$ 与 $[b_{ij}^-, b_{ij}^+]$ 的差异尽可能小。于是，可以得到如下目标规划模型：

$$\min J_2 = \sum_{i=1}^{n} \sum_{j=1, j \neq i}^{n} (|v_i^- - v_j^+ - b_{ij}^-| + |v_i^+ - v_j^- - b_{ij}^+|)$$

$$\text{s. t.}\begin{cases} 0 \leqslant v_i^- \leqslant v_i^+ \leqslant n\kappa,\ i=1,2,\cdots,n \\ v_i^+ + \sum_{j=1,j\neq i}^{n} v_j^- \leqslant n\kappa,\ i=1,2,\cdots,n \\ v_i^- + \sum_{j=1,j\neq i}^{n} v_j^+ \geqslant n\kappa,\ i=1,2,\cdots,n \end{cases} \tag{5-47}$$

由于对于任意的 i，$j=1,2,\cdots,n$，都有 $v_j^- - v_i^+ - b_{ji}^- = -(v_i^+ - v_j^- - b_{ij}^+)$，$v_j^+ - v_i^- - b_{ji}^- = -(v_i^- - v_j^+ - b_{ij}^-)$，模型式(5-47)可以简化为模型式(5-48)：

$$\min J_2 = \sum_{i=1}^{n-1}\sum_{j=i+1}^{n}(|v_i^- - v_j^+ - b_{ij}^-| + |v_i^+ - v_j^- - b_{ij}^+|)$$

$$\text{s. t.}\begin{cases} 0 \leqslant v_i^- \leqslant v_i^+ \leqslant n\kappa,\ i=1,2,\cdots,n \\ v_i^+ + \sum_{j=1,j\neq i}^{n} v_j^- \leqslant n\kappa,\ i=1,2,\cdots,n \\ v_i^- + \sum_{j=1,j\neq i}^{n} v_j^+ \geqslant n\kappa,\ i=1,2,\cdots,n \end{cases} \tag{5-48}$$

对于任意的 $i=1,2,\cdots,n-1$，$j=i+1,\cdots,n$，令 $\varepsilon_{ij} = v_i^- - v_j^+ - b_{ij}^-$，$\delta_{ij} = v_i^+ - v_j^- - b_{ij}^+$，$\varepsilon_{ij}^+ = \dfrac{|\varepsilon_{ij}| + \varepsilon_{ij}}{2}$，$\varepsilon_{ij}^- = \dfrac{|\varepsilon_{ij}| - \varepsilon_{ij}}{2}$，$\delta_{ij}^+ = \dfrac{|\delta_{ij}| + \delta_{ij}}{2}$，$\delta_{ij}^- = \dfrac{|\delta_{ij}| - \delta_{ij}}{2}$。于是，$|\varepsilon_{ij}| = \varepsilon_{ij}^+ + \varepsilon_{ij}^-$，$|\delta_{ij}| = \delta_{ij}^+ + \delta_{ij}^-$，$\varepsilon_{ij} = \varepsilon_{ij}^+ - \varepsilon_{ij}^-$，$\delta_{ij} = \delta_{ij}^+ - \delta_{ij}^-$。将 ε_{ij}^+、ε_{ij}^-、δ_{ij}^+ 和 δ_{ij}^- 代入模型式(5-48)可以得到如下线性规划模型：

$$\min J_2 = \sum_{i=1}^{n-1}\sum_{j=i+1}^{n}(\varepsilon_{ij}^+ + \varepsilon_{ij}^- + \delta_{ij}^+ + \delta_{ij}^-)$$

$$\text{s. t.}\begin{cases} 0 \leqslant v_i^- \leqslant v_i^+ \leqslant n\kappa,\ i=1,2,\cdots,n \\ v_i^+ + \sum_{j=1,j\neq i}^{n} v_j^- \leqslant n\kappa,\ i=1,2,\cdots,n \\ v_i^- + \sum_{j=1,j\neq i}^{n} v_j^+ \geqslant n\kappa,\ i=1,2,\cdots,n \\ \varepsilon_{ij}^+ - \varepsilon_{ij}^- = v_i^- - v_j^+ - b_{ij}^-,\ i=1,2,\cdots,n-1,\ j=i+1,\cdots,n \\ \delta_{ij}^+ - \delta_{ij}^- = v_i^+ - v_j^- - b_{ij}^+,\ i=1,2,\cdots,n-1,\ j=i+1,\cdots,n \end{cases} \tag{5-49}$$

求解模型式(5-49)可以得到 $J_2^* = \min J_2$ 以及相应的区间型效用向量。如果 $J_2^* = 0$，根据定义 5-11，$\widetilde{\boldsymbol{B}}$ 就是一致的。

得到区间型效用向量 $\widetilde{\boldsymbol{V}} = (\widetilde{v}_1, \widetilde{v}_2, \cdots, \widetilde{v}_n)$，$\widetilde{v}_i = [v_i^-, v_i^+]$ 以后，区间型权重向量 $\widetilde{\boldsymbol{W}} = (\widetilde{w}_1, \widetilde{w}_2, \cdots, \widetilde{w}_n)$，$\widetilde{w}_i = [w_i^-, w_i^+]$ 可以通过以下公式得到：

$$w_i^- = \frac{v_i^-}{n\kappa},\quad w_i^+ = \frac{v_i^+}{n\kappa},\quad i=1,2,\cdots,n \tag{5-50}$$

5.3.3　数值案例

本小节主要通过一个数值案例演示 I-CNP 算法，并将其与一个 IAHP 方法[192]进行比较。为了简洁起见，令 I-CNP_FR 和 I-CNP_T 分别表示从基于可行域和传递性的一致性定义中推断区间型效用向量的方法。

令 $\tilde{a} = [a^-, a^+]$ 和 $\tilde{b} = [b^-, b^+]$ 表示两个区间数，$\tilde{a}$ 大于 $\tilde{b}$ 的概率为[202]

$$p(\tilde{a} \geqslant \tilde{b}) = \frac{\max(0, a^+ - b^-) - \max(0, a^- - b^+)}{(a^+ - a^-) + (b^+ - b^-)} \tag{5-51}$$

如果要对一组区间数 $\{\tilde{a}_1, \tilde{a}_2, \cdots, \tilde{a}_n\}$ 进行排序，需要构建偏好矩阵 $\boldsymbol{P} = (p_{ij})_{n \times n}$，其中 $p_{ij} = p(\tilde{a}_i \geqslant \tilde{a}_j)$，然后通过每个区间数的优势度 $\theta_i = \sum_{j=1}^{n} p_{ij}$ 对它们进行排序。

为了比较不同算法的性能，引入拟合误差来对算法的效果进行对比。拟合误差指的是从得到的区间型权重反推出的区间矩阵与原始比较判断矩阵之间的平均差异。

假设从一个 IPOM $\tilde{\boldsymbol{S}} = (\tilde{s}_{ij})_{n \times n}$，$\tilde{s}_{ij} = [s_{ij}^-, s_{ij}^+]$ 中推断出的区间型效用向量为 $\tilde{\boldsymbol{V}} = (\tilde{v}_1, \tilde{v}_2, \cdots, \tilde{v}_n)$，$\tilde{v}_i = [v_i^-, v_i^+]$，那么从效用向量反推出的 IPOM 为 $\tilde{\boldsymbol{T}} = (\tilde{t}_{ij})$，$\tilde{t}_{ij} = [t_{ij}^-, t_{ij}^+] = [v_i^- - v_j^+, v_i^+ - v_j^-]$，其对应的拟合误差为

$$F_D(\tilde{\boldsymbol{V}}) = \frac{1}{n^2 - n} \sum_{i=1}^{n-1} \sum_{j=i+1}^{n} (|s_{ij}^- - t_{ij}^-| + |s_{ij}^+ - t_{ij}^+|) \tag{5-52}$$

需要注意的是，两个比率标度的值之间的差异不能直接通过相减得到。例如，$1/2$ 和 $1/3$ 之间的差异应该是 1，而不是 $1/6$，$1/2$ 与 2 之间的差异应该是 2 而不是 1.5。为此，引入一个映射来对比率标度的取值进行转化：

$$f(x) = \begin{cases} x - 1, & x \geqslant 1 \\ 1 - \dfrac{1}{x}, & x < 1 \end{cases} \tag{5-53}$$

通过这个转化，可以将两个比率标度 x 和 y 之间的差异表示为 $|f(x) - f(y)|$。

假设从一个 IPRM $\tilde{\boldsymbol{P}} = (\tilde{p}_{ij})_{n \times n}$，$\tilde{p}_{ij} = [p_{ij}^-, p_{ij}^+]$ 中推断出的权重向量为 $\tilde{\boldsymbol{W}} = (\tilde{w}_1, \tilde{w}_2, \cdots, \tilde{w}_n)$，$\tilde{w}_i = [w_i^-, w_i^+]$，那么从区间型权重向量反推出的 IPRM 为 $\tilde{\boldsymbol{Q}} = (\tilde{q}_{ij})$，$\tilde{q}_{ij} = [q_{ij}^-, q_{ij}^+] = \left[\dfrac{w_i^-}{w_j^+}, \dfrac{w_i^+}{w_j^-}\right]$，其对应的拟合误差为

$$F_R(\tilde{\boldsymbol{W}}) = \frac{1}{n^2 - n} \sum_{i=1}^{n-1} \sum_{j=i+1}^{n} (|f(p_{ij}^-) - f(q_{ij}^-)| + |f(p_{ij}^+) - f(q_{ij}^+)|) \tag{5-54}$$

F_D 和 F_R 都是在语义标度的层面度量了推断出的结果与专家初始认知之间的差异，因此，对于同一个问题，它们的取值是可以比较的。

例 5-4 在本例中，使用 I-CNP 方法重新计算文献[192]中讨论过的投资组合问题。某人想用其资金进行投资，有 4 种投资方案可供选择：银行存款（BD）、信用债券（DB）、国债（GB）和股票（SH）。他主要基于 4 个指标来对投资方案进行选择：回报（Re）、风险（Ri）、税务优惠（Tb）和资产流动性（Li）。文献[192]中给出了 4 个指标之间，以及每个指标上 4 种方案的 IPRM。本节将这些 IPRM 转化为 IPOM，其中 $\tilde{B}_C$ 表示指标之间的两两比较结果，

$\widetilde{B}_{Re}$、$\widetilde{B}_{Ri}$、$\widetilde{B}_{Tb}$、$\widetilde{B}_{Li}$ 分别表示 4 个指标上 4 种方案的两两比较结果。

$$\widetilde{B}_C = \begin{pmatrix} [0,0] & [2,3] & [4,5] & [5,6] \\ [-3,-2] & [0,0] & [3,4] & [4,5] \\ [-5,-4] & [-4,-3] & [0,0] & [2,3] \\ [-6,-5] & [-5,-4] & [-3,-2] & [0,0] \end{pmatrix} \tag{5-55}$$

$$\widetilde{B}_{Re} = \begin{pmatrix} [0,0] & [-3,-2] & [2,3] & [-5,-4] \\ [2,3] & [0,0] & [5,6] & [-4,-3] \\ [-3,-2] & [-6,-5] & [0,0] & [-6,-5] \\ [4,5] & [3,4] & [5,6] & [0,0] \end{pmatrix} \tag{5-56}$$

$$\widetilde{B}_{Ri} = \begin{pmatrix} [0,0] & [2,3] & [3,4] & [5,6] \\ [-3,-2] & [0,0] & [2,3] & [4,5] \\ [-4,-3] & [-3,-2] & [0,0] & [3,4] \\ [-6,-5] & [-5,-4] & [-4,-3] & [0,0] \end{pmatrix} \tag{5-57}$$

$$\widetilde{B}_{Tb} = \begin{pmatrix} [0,0] & [0,0] & [-5,-4] & [-3,-2] \\ [0,0] & [0,0] & [-5,-4] & [-3,-2] \\ [4,5] & [4,5] & [0,0] & [3,4] \\ [2,3] & [2,3] & [-4,-3] & [0,0] \end{pmatrix} \tag{5-58}$$

$$\widetilde{B}_{Li} = \begin{pmatrix} [0,0] & [2,3] & [5,5] & [5,6] \\ [-3,-2] & [0,0] & [2,3] & [2,3] \\ [-5,-5] & [-3,-2] & [0,0] & [2,3] \\ [-6,-5] & [-3,-2] & [-3,-2] & [0,0] \end{pmatrix} \tag{5-59}$$

表 5-11 和表 5-12 给出了使用 I-CNP_FR 和 I-CNP_T 两种方法得到的结果。I-CNP_FR 得到的最终排序结果为 BD $\overset{0.60}{>}$ DB $\overset{0.91}{>}$ SH $\overset{1}{>}$ GB，I-CNP_T 得到的排序结果为 BD $\overset{0.52}{>}$ DB $\overset{0.86}{>}$ SH $\overset{1}{>}$ GB。">"上方的数字表示前一个区间数大于后一个区间数的概率。虽然使用两种方法得到的权重略有区别，但最终的排序结果是一致的。

表 5-11 使用 I-CNP_FR 方法得到的结果

方 案	Re	Ri	Tb	Li	综合评价值
	[0.336, 0.359]	[0.281, 0.305]	[0.195, 0.219]	[0.141, 0.164]	
BD	[0.203, 0.227]	[0.328, 0.352]	[0.195, 0.195]	[0.359, 0.359]	[0.259, 0.280]
DB	[0.273, 0.305]	[0.273, 0.297]	[0.195, 0.195]	[0.266, 0.266]	[0.255, 0.275]
GB	[0.125, 0.156]	[0.219, 0.242]	[0.352, 0.352]	[0.203, 0.203]	[0.208, 0.232]
SH	[0.336, 0.375]	[0.133, 0.156]	[0.258, 0.258]	[0.172, 0.172]	[0.232, 0.259]

表 5 – 12 使用 I-CNP_T 方法得到的结果

方　案	Re	Ri	Tb	Li	综合评价值
	[0.342, 0.356]	[0.286, 0.300]	[0.200, 0.217]	[0.144, 0.161]	
BD	[0.212, 0.219]	[0.333, 0.347]	[0.195, 0.195]	[0.352, 0.352]	[0.263, 0.274]
DB	[0.281, 0.306]	[0.279, 0.292]	[0.195, 0.195]	[0.258, 0.289]	[0.258, 0.277]
GB	[0.125, 0.149]	[0.222, 0.24]	[0.320, 0.352]	[0.195, 0.195]	[0.203, 0.227]
SH	[0.344, 0.368]	[0.136, 0.154]	[0.258, 0.289]	[0.164, 0.195]	[0.236, 0.265]

Wang 等人[192]对于该问题得到的结果为 $SH \overset{1}{\succ} BD \overset{0.71}{\succ} DB \overset{1}{\succ} GB$。显然，这与本书提出的两种方法得到的结果非常不同。3 种方法对应的拟合误差如表 5 – 13 所示。从拟合误差的对比显然可以看出，I-CNP 方法能够更好地反映专家对于问题的认知，本书的两种方法得到的结果更加可靠。

表 5 – 13 3 种方法对应的拟合误差

方　法	指　标	Re	Ri	Tb	Li
I-CNP_FR	0.583	0.792	0.583	0.417	0.583
I-CNP_T	0.500	0.583	0.500	0.250	0.417
IAHP	2.395	2.607	2.402	1.381	1.882

综合上述的理论分析和案例对比，I-CNP 对 P-CNP 进行了扩展，能够应对更多的不确定性，同时相比于 IAHP，I-CNP 得到的结果更加可靠，因此也能够辅助专家提供更加高质量的评估参考信息。

5.4　区间最优最劣方法

非结构化的两两比较不仅会出现在 AHP 中，也会出现在 IAHP 中，同时，对于专家来说有时也难以为 BWM 提供精确一致的判断。因此，本节结合 IAHP 与 BWM 的优点，将 BWM 中的比较判断向量中的元素用区间数来表示，得到区间型比较判断向量（Interval Pairwise Comparison Vector，IPCV），提出区间最优最劣方法（IBWM）。

IBWM 的基本步骤与 BWM 类似，主要的区别是 IPCV 的表示以及区间型权重的推断方法，本节重点阐述 IPCV 的一致性问题和区间型权重的推断问题，针对 IPCV 的一致性问题，分别基于可行域和传递性给出了两种一致性定义，在两种一致性定义的基础上，提出了两种推断区间型权重的方法：两阶段法和目标规划法。

在 IBWM 中，一组 IPCV 分别用 $\tilde{\boldsymbol{A}}_B = (\tilde{a}_{B1}, \tilde{a}_{B2}, \cdots, \tilde{a}_{Bn})$ 和 $\tilde{\boldsymbol{A}}_W = (\tilde{a}_{1W}, \tilde{a}_{2W}, \cdots, \tilde{a}_{nW})$ 表示，$\tilde{\boldsymbol{A}}_B$ 和 $\tilde{\boldsymbol{A}}_W$ 中的元素都是区间数。

5.4.1 两阶段法

定义 5-12 一组 IPCV $\tilde{\boldsymbol{A}}_B = (\tilde{a}_{B1}, \tilde{a}_{B2}, \cdots, \tilde{a}_{Bn})$ 和 $\tilde{\boldsymbol{A}}_W = (\tilde{a}_{1W}, \tilde{a}_{2W}, \cdots, \tilde{a}_{nW})$ 是一致的，如果存在权重向量 $\boldsymbol{W} = (w_1, w_2, \cdots, w_n)$，对于任意的 $i, j = 1, 2, \cdots, n$，满足：

$$\begin{cases} a_{Bi}^- \leqslant \dfrac{w_B}{w_i} \leqslant a_{Bi}^+, i = 1, 2, \cdots, n \\[2mm] a_{iW}^- \leqslant \dfrac{w_i}{w_W} \leqslant a_{iW}^+, i = 1, 2, \cdots, n \\[2mm] 0 \leqslant w_W \leqslant w_i \leqslant w_B \leqslant 1, i = 1, 2, \cdots, n \\[2mm] \sum_{i=1}^{n} w_i = 1 \end{cases} \tag{5-60}$$

其中，w_B 表示 g_B 的权重；w_W 表示 g_W 的权重。该定义是定义 5-4 在 IPCV 上的扩展，因此也称为基于可行域的定义。

容易证明，若 $\tilde{\boldsymbol{A}}_B$ 和 $\tilde{\boldsymbol{A}}_W$ 中的元素都取精确值，则定义 5-12 与定义 5-4 是等价的。

若 $\tilde{\boldsymbol{A}}_B$ 和 $\tilde{\boldsymbol{A}}_W$ 依据定义 5-12 是一致的，则区间型权重向量可以通过下面两个线性规划模型得到：

$$w_i^- = \min w_i$$
$$\text{s. t.} \begin{cases} a_{Bi}^- w_i \leqslant w_B \leqslant a_{Bi}^+ w_i, i = 1, 2, \cdots, n \\ a_{iW}^- w_W \leqslant w_i \leqslant a_{iW}^+ w_W, i = 1, 2, \cdots, n \\ 0 \leqslant w_W \leqslant w_i \leqslant w_B \leqslant 1, i = 1, 2, \cdots, n \\ \sum_{i=1}^{n} w_i = 1 \end{cases} \tag{5-61}$$

$$w_i^+ = \max w_i$$
$$\text{s. t.} \begin{cases} a_{Bi}^- w_i \leqslant w_B \leqslant a_{Bi}^+ w_i, i = 1, 2, \cdots, n \\ a_{iW}^- w_W \leqslant w_i \leqslant a_{iW}^+ w_W, i = 1, 2, \cdots, n \\ 0 \leqslant w_W \leqslant w_i \leqslant w_B \leqslant 1, i = 1, 2, \cdots, n \\ \sum_{i=1}^{n} w_i = 1 \end{cases} \tag{5-62}$$

若 $\tilde{\boldsymbol{A}}_B$ 和 $\tilde{\boldsymbol{A}}_W$ 依据定义 5-12 不一致，模型式(5-61)和模型式(5-62)的可行域就是空的，因此无法用来求解权重向量。为了解决这个问题，通过引入非负误差变量 p_{Bi}、q_{Bi}、p_{iW} 和 q_{iW}，$i = 1, \cdots, n$ 来对模型式(5-61)和模型式(5-62)中的约束条件进行调整，使其满足：

$$a_{Bi}^- w_i - p_{Bi} \leqslant w_B \leqslant a_{Bi}^+ w_i + q_{Bi}, i = 1, \cdots, n \tag{5-63}$$

$$a_{iW}^- w_W - p_{iW} \leqslant w_i \leqslant a_{iW}^+ w_W + q_{iW}, i = 1, \cdots, n \tag{5-64}$$

显然，误差变量 p_{Bi}、q_{Bi}、p_{iw} 和 q_{iw} 的取值越小，$\widetilde{\boldsymbol{A}}_B$ 和 $\widetilde{\boldsymbol{A}}_W$ 越接近一致的 IPCV。基于上述考虑，本书提出两阶段法来从 $\widetilde{\boldsymbol{A}}_B$ 和 $\widetilde{\boldsymbol{A}}_W$ 中推断权重向量。

第一阶段的主要目的是最小化误差变量，用到的模型为

$$\min\ J = \sum_{i=1}^{n}(p_{Bi}+q_{Bi}+p_{iw}+q_{iw})$$

$$\text{s.t.}\begin{cases} a_{Bi}^{-}w_i - p_{Bi} \leqslant w_B \leqslant a_{Bi}^{+}w_i + q_{Bi}, & i=1,2,\cdots,n \\ a_{iw}^{-}w_w - p_{iw} \leqslant w_i \leqslant a_{iw}^{+}w_w + q_{iw}, & i=1,2,\cdots,n \\ 0 \leqslant w_W \leqslant w_i \leqslant w_B \leqslant 1, & i=1,2,\cdots,n \\ p_{Bi},\ q_{Bi},\ p_{iw},\ q_{iw} \geqslant 0, & i=1,2,\cdots,n \\ \sum_{i=1}^{n} w_i = 1 \end{cases} \quad (5-65)$$

如果 $J^* = \min J = 0$，那么根据定义 5-12，$\widetilde{\boldsymbol{A}}_B$ 和 $\widetilde{\boldsymbol{A}}_W$ 就是一致的，否则就是不一致的。

第二阶段的主要任务是在确保误差变量取值最小的前提下，推断权重向量，用到的是下面两个模型：

$$w_i^- = \min\ w_i$$

$$\text{s.t.}\begin{cases} a_{Bi}^{-}w_i - p_{Bi} \leqslant w_B \leqslant a_{Bi}^{+}w_i + q_{Bi}, & i=1,2,\cdots,n \\ a_{iw}^{-}w_w - p_{iw} \leqslant w_i \leqslant a_{iw}^{+}w_w + q_{iw}, & i=1,2,\cdots,n \\ 0 \leqslant w_W \leqslant w_i \leqslant w_B \leqslant 1, & i=1,2,\cdots,n \\ p_{Bi},\ q_{Bi},\ p_{iw},\ q_{iw} \geqslant 0, & i=1,2,\cdots,n \\ J = \sum_{i=1}^{n}(p_{Bi}+q_{Bi}+p_{iw}+q_{iw}) \leqslant J^* \\ \sum_{i=1}^{n} w_i = 1 \end{cases} \quad (5-66)$$

$$w_i^+ = \max\ w_i$$

$$\text{s.t.}\begin{cases} a_{Bi}^{-}w_i - p_{Bi} \leqslant w_B \leqslant a_{Bi}^{+}w_i + q_{Bi}, & i=1,2,\cdots,n \\ a_{iw}^{-}w_w - p_{iw} \leqslant w_i \leqslant a_{iw}^{+}w_w + q_{iw}, & i=1,2,\cdots,n \\ 0 \leqslant w_W \leqslant w_i \leqslant w_B \leqslant 1, & i=1,2,\cdots,n \\ p_{Bi},\ q_{Bi},\ p_{iw},\ q_{iw} \geqslant 0, & i=1,2,\cdots,n \\ J = \sum_{i=1}^{n}(p_{Bi}+q_{Bi}+p_{iw}+q_{iw}) \leqslant J^* \\ \sum_{i=1}^{n} w_i = 1 \end{cases} \quad (5-67)$$

5.4.2　目标规划法

定义 5-13　一组 IPCV $\tilde{\boldsymbol{A}}_B=(\tilde{a}_{B1},\tilde{a}_{B2},\cdots,\tilde{a}_{Bn})$ 和 $\tilde{\boldsymbol{A}}_W=(\tilde{a}_{1W},\tilde{a}_{2W},\cdots,\tilde{a}_{nW})$ 是一致的，如果对于任意的 $i=1,2,\cdots,n$，满足：

$$a_{BW}^- a_{BW}^+ = a_{Bi}^- a_{Bi}^+ a_{iW}^- a_{iW}^+ \tag{5-68}$$

该定义是定义 5-5 在 IPCV 上的延伸，这里也将其称为基于传递性的一致性定义。

显然，如果 $\tilde{\boldsymbol{A}}_B$ 和 $\tilde{\boldsymbol{A}}_W$ 中的元素都取精确值，定义 5-13 与定义 5-5 是等价的。同样容易证明的是，如果一组 IPCV $\tilde{\boldsymbol{A}}_B$ 和 $\tilde{\boldsymbol{A}}_W$ 依据定义 5-13 是一致的，那么它们在定义 5-12 中也必定是一致的。

令 $\tilde{\boldsymbol{W}}=(\tilde{w}_1,\tilde{w}_2,\cdots,\tilde{w}_n)$，$\tilde{w}_i=[w_i^-,w_i^+]$ 为一个标准区间型权重向量，$\tilde{w}_B=[w_{Bi}^-,w_{Bi}^+]$ 和 $\tilde{w}_W=[w_{iW}^-,w_{iW}^+]$ 分别为最重要的和最不重要的指标对应的权重，即对于任意的 $i=1,2,\cdots,n$，$p(\tilde{w}_B\geqslant\tilde{w}_i)\geqslant0.5$ 且 $p(\tilde{w}_i\geqslant\tilde{w}_W)\geqslant0.5$。基于 $\tilde{\boldsymbol{W}}$ 构建两个区间型向量 $\tilde{\boldsymbol{P}}_B=(\tilde{p}_{B1},\tilde{p}_{B2},\cdots,\tilde{p}_{Bn})$，$\tilde{p}_{Bi}=[p_{Bi}^-,p_{Bi}^+]$ 和 $\tilde{\boldsymbol{P}}_W=(\tilde{p}_{1W},\tilde{p}_{2W},\cdots,\tilde{p}_{nW})$，$\tilde{p}_{iW}=[p_{iW}^-,p_{iW}^+]$，使其满足：

$$p_{Bi}^-=\frac{w_B^-}{w_i^+},\quad p_{Bi}^+=\frac{w_B^+}{w_i^-},\quad p_{iW}^-=\frac{w_i^-}{w_W^+},\quad p_{iW}^+=\frac{w_i^+}{w_W^-},\quad\forall i=1,2,\cdots,n\tag{5-69}$$

定理 5-6　基于公式(5-69)定义的向量 $\tilde{\boldsymbol{P}}_B$ 和 $\tilde{\boldsymbol{P}}_W$ 是一组一致的 IPCV。

证明　$p_{BW}^- p_{BW}^+=\dfrac{w_B^-}{w_W^+}\dfrac{w_B^+}{w_W^-}=\left(\dfrac{w_B^-}{w_i^+}\dfrac{w_i^+}{w_W^-}\right)\left(\dfrac{w_B^+}{w_i^-}\dfrac{w_i^-}{w_W^+}\right)=p_{Bi}^- p_{Bi}^+ p_{iW}^- p_{iW}^+$，由定义 5-13 可得区间型比较判断向量 $\tilde{\boldsymbol{P}}_B$ 和 $\tilde{\boldsymbol{P}}_W$ 是一致的。证毕。

推论 5-2　一组 IPCV $\tilde{\boldsymbol{A}}_B=(\tilde{a}_{B1},\tilde{a}_{B2},\cdots,\tilde{a}_{Bn})$ 和 $\tilde{\boldsymbol{A}}_W=(\tilde{a}_{1W},\tilde{a}_{2W},\cdots,\tilde{a}_{nW})$ 是一致的，如果存在标准区间型权重向量 $\tilde{\boldsymbol{W}}=(\tilde{w}_1,\tilde{w}_2,\cdots,\tilde{w}_n)$，$\tilde{w}_i=[w_i^-,w_i^+]$，使得：

$$\frac{w_B^+}{w_i^-}=a_{Bi}^+,\quad\frac{w_B^-}{w_i^+}=a_{Bi}^-,\quad\frac{w_i^+}{w_W^-}=a_{iW}^+,\quad\frac{w_i^-}{w_W^+}=a_{iW}^-,\quad\forall i=1,2,\cdots,n\tag{5-70}$$

$$w_B^-+w_B^+\geqslant w_i^-+w_i^+\geqslant w_W^-+w_W^+,\quad i=1,2,\cdots,n\tag{5-71}$$

由于 $\tilde{w}_B=[w_{Bi}^-,w_{Bi}^+]$ 和 $\tilde{w}_W=[w_{iW}^-,w_{iW}^+]$ 分别为最重要的和最不重要的指标对应的权重，因此对于任意的 $i=1,2,\cdots,n$，应该有 $p(\tilde{w}_B\geqslant\tilde{w}_i)\geqslant0.5$ 且 $p(\tilde{w}_i\geqslant\tilde{w}_W)\geqslant0.5$。根据公式(5-51)，容易证明 $p(\tilde{w}_i\geqslant\tilde{w}_j)\geqslant0.5\Leftrightarrow w_i^-+w_i^+\geqslant w_j^-+w_j^+$。于是，可以得到公式(5-71)对应的条件。

在很多应用场景中，专家无法提供完全一致的 IPCV，也就是说，公式(5-70)并不总是成立。因此，在推断权重时应立足于寻找使得公式(5-70)中的 4 个等式两侧的差异尽可能小的区间型权重向量。于是，可以得到如下目标规划模型：

$$\min J = \sum_{i=1}^{n} (\mid w_B^+ - a_{Bi}^+ w_i^- \mid + \mid w_B^- - a_{Bi}^- w_i^+ \mid + \mid w_i^+ - a_{iW}^+ w_W^- \mid + \mid w_i^- - a_{iW}^- w_W^+ \mid)$$

$$\text{s. t.} \begin{cases} 0 \leqslant w_i^- \leqslant w_i^+ \leqslant 1, \quad i = 1, 2, \cdots, n \\ \sum_{j=1, j \neq i}^{n} w_j^- + w_i^+ \leqslant 1, \quad \sum_{j=1, j \neq i}^{n} w_j^+ + w_i^- \geqslant 1, \quad i = 1, 2, \cdots, n \\ w_B^- + w_B^+ \geqslant w_i^- + w_i^+ \geqslant w_W^- + w_W^+, \quad i = 1, 2, \cdots, n \end{cases} \quad (5-72)$$

对于任意的 $i = 1, 2, \cdots, n$，令 $\varepsilon_i = w_B^+ - a_{Bi}^+ w_i^-$，$\delta_i = w_B^- - a_{Bi}^- w_i^+$，$\varphi_i = w_i^+ -$ $a_{iW}^+ w_W^-$，$\eta_i = w_i^- - a_{iW}^- w_W^+$，$\varepsilon_i^+ = \dfrac{\mid \varepsilon_i \mid + \varepsilon_i}{2}$，$\varepsilon_i^- = \dfrac{\mid \varepsilon_i \mid - \varepsilon_i}{2}$，$\delta_i^+ = \dfrac{\mid \delta_i \mid + \delta_i}{2}$，$\delta_i^- = \dfrac{\mid \delta_i \mid - \delta_i}{2}$，$\varphi_i^+ = \dfrac{\mid \varphi_i \mid + \varphi_i}{2}$，$\varphi_i^- = \dfrac{\mid \varphi_i \mid - \varphi_i}{2}$，$\eta_i^+ = \dfrac{\mid \eta_i \mid + \eta_i}{2}$，$\eta_i^- = \dfrac{\mid \eta_i \mid - \eta_i}{2}$，于是 $\mid \varepsilon_i \mid = \varepsilon_i^+ + \varepsilon_i^-$，$\mid \varphi_i \mid = \varphi_i^+ + \varphi_i^-$，$\mid \delta_i \mid = \delta_i^+ + \delta_i^-$，$\mid \eta_i \mid = \eta_i^+ + \eta_i^-$，这样将 ε_i^+、ε_i^-、δ_i^+、δ_i^-、φ_i^+、φ_i^-、η_i^+、η_i^- 代入模型式 $(5-72)$ 可得如下线性规划模型：

$$\min J = \sum_{i=1}^{n} (\varepsilon_i^+ + \varepsilon_i^- + \delta_i^+ + \delta_i^- + \varphi_i^+ + \varphi_i^- + \eta_i^+ + \eta_i^-)$$

$$\text{s. t.} \begin{cases} 0 \leqslant w_i^- \leqslant w_i^+ \leqslant 1, \quad i = 1, 2, \cdots, n \\ \sum_{j=1, j \neq i}^{n} w_j^- + w_i^+ \leqslant 1, \quad \sum_{j=1, j \neq i}^{n} w_j^+ + w_i^- \geqslant 1, \quad i = 1, 2, \cdots, n \\ w_B^- + w_B^+ \geqslant w_i^- + w_i^+ \geqslant w_W^- + w_W^+, \quad i = 1, 2, \cdots, n \\ \varepsilon_i^+ - \varepsilon_i^- = w_B^+ - a_{Bi}^+ w_i^-, \quad i = 1, 2, \cdots, n \\ \delta_i^+ - \delta_i^- = w_B^- - a_{Bi}^- w_i^+, \quad i = 1, 2, \cdots, n \\ \varphi_i^+ - \varphi_i^- = w_i^+ - a_{iW}^+ w_W^-, \quad i = 1, 2, \cdots, n \\ \eta_i^+ - \eta_i^- = w_i^- - a_{iW}^- w_W^+, \quad i = 1, 2, \cdots, n \\ \varepsilon_i^+, \varepsilon_i^-, \delta_i^+, \delta_i^-, \varphi_i^+, \varphi_i^-, \eta_i^+, \eta_i^- \geqslant 0, \quad i = 1, 2, \cdots, n \end{cases} \quad (5-73)$$

求解模型式 $(5-73)$ 可以得到区间型权重。如果模型式 $(5-73)$ 的最优解 $J^* = \min J = 0$，那么依据定义 $(5-13)$，$\widetilde{\boldsymbol{A}}_B$ 和 $\widetilde{\boldsymbol{A}}_W$ 就是一致的，否则就是不一致的。

本书所提到的 IBWM 是两阶段法和目标规划法的总称。

5.4.3　数值案例

例 5-5　在本例中，继续对例 5-4 进行讨论。表 5-14 给出了从 5 个 IPRM 中提取的 5 组 IPCV，其中 B 表示最重要指标的序号，W 表示最不重要指标的序号。

表 5 - 14 5 组 IPCV

	B	$\widetilde{A}_B$	W	$\widetilde{A}_W$
指标	1	([1, 1] [3, 4] [5, 6] [6, 7])	4	([6, 7] [5, 6] [3, 4] [1, 1])
Re	4	([5, 6] [4, 5] [6, 7] [1, 1])	3	([3, 4] [6, 7] [1, 1] [6, 7])
Ri	1	([1, 1] [3, 4] [4, 5] [6, 7])	4	([6, 7] [5, 6] [4, 5] [1, 1])
Tb	3	([5, 6] [5, 6] [1, 1] [4, 5])	1	([1, 1] [1, 1] [5, 6] [3, 4])
Li	1	([1, 1] [3, 4] [6, 6] [6, 7])	4	([6, 7] [3, 4] [3, 4] [1, 1])

为了描述简洁，令 IBWM_TS 表示两阶段法，IBWM_GP 表示目标规划法。分别使用 IBWM_TS 和 IBWM_GP 计算各组比较判断向量对应的权重，结果如表 5 - 15 和表 5 - 16 所示。

表 5 - 15 使用 IBWM_TS 计算得到的结果

方 案	Re	Ri	Tb	Li	综合评价值
	0.597	**0.199**	**0.119**	**0.085**	
BD	0.126	0.579	0.105	0.609	0.255
DB	0.157	0.193	0.105	0.203	0.162
GB	0.090	0.145	0.632	0.101	0.166
SH	0.628	0.083	0.158	0.097	0.417

表 5 - 16 使用 IBWM_GP 计算得到的结果

方 案	Re	Ri	Tb	Li	综合评价值
	[0.606, 0.622]	**[0.156, 0.202]**	**[0.104, 0.121]**	**[0.089, 0.101]**	
BD	[0.106, 0.128]	[0.595, 0.602]	[0.104, 0.125]	[0.603, 0.635]	[0.232, 0.269]
DB	[0.128, 0.160]	[0.150, 0.198]	[0.104, 0.125]	[0.159, 0.201]	[0.131, 0.168]
GB	[0.091, 0.106]	[0.120, 0.149]	[0.625, 0.625]	[0.106, 0.106]	[0.153, 0.177]
SH	[0.638, 0.638]	[0.086, 0.099]	[0.125, 0.156]	[0.091, 0.100]	[0.425, 0.442]

在表 5 - 15 和表 5 - 16 中，第 1 行加粗的数字分别表示 4 个指标的权重，每一列不加粗的 4 个数字分别表示 4 个备选方案在对应指标上的表现。从表 5 - 15 可以看出，使用 IBWM_TS 得到的结果是精确值而不是区间值，其主要原因是在使用模型式(5 - 56)最小化误差变量时，权重的取值就已经是唯一的了。使用 IBWM_TS 得到的 4 种方案的排序结果为 SH＞BD＞GB＞DB。在表 5 - 16 中，使用 IBWM_GP 得到了 4 种方案的区间型综合评价值，其对应的排序结果为 SH $\overset{1}{＞}$ BD $\overset{1}{＞}$ GB $\overset{0.76}{＞}$ DB，其中，"＞"上的数字表示偏好关系的强度，其数值由公式(5 - 51)计算得到。IBWM_TS 和 IBWM_GP 对 4 种方案的排序是一致的。

仍然使用拟合误差对 IBWM 的结果与 IAHP 进行比较。IAHP 的拟合误差的定义如公式(5-54)所示。

对于一组 IPCV $\tilde{\boldsymbol{A}}_B = (\tilde{a}_{B1}, \tilde{a}_{B2}, \cdots, \tilde{a}_{Bn})$ 和 $\tilde{\boldsymbol{A}}_W = (\tilde{a}_{1W}, \tilde{a}_{2W}, \cdots, \tilde{a}_{nW})$，其权重向量为 $\tilde{\boldsymbol{W}} = (\tilde{w}_1, \tilde{w}_2, \cdots, \tilde{w}_n)$，$\tilde{w}_i = [w_i^-, w_i^+]$，拟合 IPCV 为 $\tilde{\boldsymbol{B}}_B = (\tilde{b}_{B1}, \tilde{b}_{B2}, \cdots, \tilde{b}_{Bn})$，

$$\tilde{b}_{Bi} = [b_{Bi}^-, b_{Bi}^+], \quad b_{Bi}^- = \begin{cases} 1, & i = B \\ \dfrac{w_B^-}{w_i^+}, & i \neq B \end{cases}, \quad b_{Bi}^+ = \begin{cases} 1, & i = B \\ \dfrac{w_B^+}{w_i^-}, & i \neq B \end{cases} \quad \text{和} \quad \tilde{\boldsymbol{B}}_W = (\tilde{b}_{1W}, \tilde{b}_{2W}, \cdots, \tilde{b}_{nW}),$$

$$\tilde{b}_{iW} = [b_{iW}^-, b_{iW}^+], \quad b_{iW}^- = \begin{cases} 1, & i = W \\ \dfrac{w_i^-}{w_W^+}, & i \neq W \end{cases}, \quad b_{iW}^+ = \begin{cases} 1, & i = W \\ \dfrac{w_i^+}{w_W^-}, & i \neq W \end{cases}, \quad \text{其对应的拟合误差为}$$

$$\mathrm{FE}_{\mathrm{IBWM}} = \frac{1}{4n-4} \sum_{i=1}^{n} (|\Delta_{Bi}^-| + |\Delta_{Bi}^+| + |\Delta_{iW}^-| + |\Delta_{iW}^+|) \tag{5-74}$$

其中，$\Delta_{Bi}^- = f(a_{Bi}^-) - f(b_{Bi}^-)$，$\Delta_{Bi}^+ = f(a_{Bi}^+) - f(b_{Bi}^+)$，$\Delta_{iW}^- = f(a_{iW}^-) - f(b_{iW}^-)$，$\Delta_{iW}^+ = f(a_{iW}^+) - f(b_{iW}^+)$。

表 5-17 给出了 3 种方法在 5 组向量(矩阵)上的拟合误差对比结果。从表 5-17 中可以明显地看出 IBWM_TS 和 IBWM_GP 的拟合误差都小于 IAHP，也就是说 IBWM 得到的结果更好地反映了专家的认知，因此得到的结果也更加可靠。

表 5-17　3 种方法在 5 组向量(矩阵)上的拟合误差对比结果

方法	属性	Re	Ri	Tb	Li
IBWM_TS	1.211	1.475	1.319	0.667	0.833
IBWM_GP	1.010	1.249	1.130	0.442	0.718
IAHP	2.395	2.607	2.402	1.381	1.882

IBWM 主要有以下几方面的优点。

(1) IBWM 扩展了 BWM，能够应对评估问题中的不确定性。

(2) 相对于 IAHP，IBWM 需要的两两比较次数更少。

(3) 相对于 IAHP，IBWM 得到的结果能够更好地反映人的认知，更加可信。

5.5　本章小结

为了更好地辅助专家提供高质量的评估参考信息，本章提出了 CBWM、I-CNP 和 IBWM 等 3 种方法。这 3 种方法在基于两两比较的方法体系中与其他方法的关系如图 5-1 所示。这 3 种方法各自的优点如下。

(1) CBWM 兼具了 P-CNP 和 BWM 的优势，相对于 P-CNP，CBWM 更容易得到比较一致的两两比较结果；相对于 BWM，CBWM 得到的结果能够更好地拟合专家给出的比较判断信息。

(2) I-CNP 是对 P-CNP 在区间数上的扩展，能够应对专家的不确定性判断，同时相比于 IAHP，I-CNP 得到的结果具有更小的拟合误差。

（3）IBWM 是对 BWM 在区间数上的扩展，能够应对问题的复杂性和不确定性，同时相对于 IAHP，IBWM 需要的两两比较次数更少，而且得到的结果更加可靠。

从图 5-1 中可以看出，除辅助专家提供评估参考信息以外，本章提出的 3 种方法还填充并完善了基于两两比较的方法体系，具有较高的理论价值。

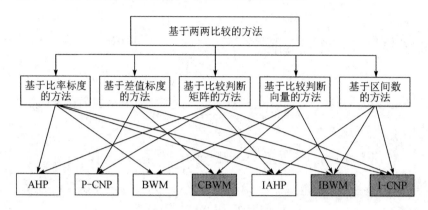

图 5-1　基于两两比较的方法

第 6 章

总结与展望

科学客观的能力评估对于系统能力的生成与提高具有重要意义。为了克服目前能力评估中存在的问题，本书从大数据出发，借助 ROR 提出了基于大数据的交互式能力评估框架，通过特征选择算法分析了行动效果关键影响要素，将 ROR 用于确定评估模型的参数，并提出了 3 种新的基于两两比较的方法，用于辅助专家提供评估参考信息。

本书主要完成了以下几方面的工作。

1. 构建了一个新型交互式能力评估框架

将基于大数据的能力评估框架划分为了 3 个层次：评估指标层、评估模型层和评估方法层。在评估指标层，首先以作战行动为视角对大数据进行编辑，然后通过特征选择算法确定行动效果关键影响要素集，最后采用相关模型和方法，确定基本指标的取值。在评估模型层，确定采用 MCHP 和 Choquet 积分相结合作为评估模型，明确模型中需要确定的参数。在评估方法层，首先借助 CBWM、I-CNP 以及 IBWM，辅助专家提供评估参考信息，然后通过 ROR 从评估参考信息中分析"必然"和"可能"两类偏好关系，并最终确定评估模型参数的取值。3 个层次通过数据分析人员、评估人员和领域专家的不断交互实现关联。以本书提出的新型框架为基础进行能力评估，可以有效确保基本指标数据来源可信，评估过程动态可交互，从而使评估结果具备较高的客观性和可信度。

2. 对行动效果关键影响要素进行了分析

确定行动效果关键影响要素本质上是一个特征选择问题。本书对现有特征选择算法进行了研究，归纳了 13 个典型的基于互信息的过滤式特征选择算法所使用的特征评价准则，指出了这些算法存在的 3 个问题：① 特征评价准则中的参数取值难以确定；② 忽略了特征之间的关联信息；③ 某些特征的重要性被高估。针对这些问题，根据划分的概念和特点，本书提出了基于划分计算互信息的公式，并在此基础上设计了 FSMIP 算法。FSMIP 能够考虑特征子集整体与类之间的相关性，因而能够同时避免上述 3 个问题的影响。在算法效率方面，FSMIP 的时间复杂度与数据集规模呈线性关系，而且 FSMIP 还内置了高效的剪枝策略，因而，算法具有较高的执行效率。为了评估算法的有效性，分别在 6 个人工数据集和 13 个真实数据集上将 FSMIP 与其他 5 种特征选择算法进行对比分析。实验结果证明了 FSMIP 能够较好地捕捉到特征关联信息，并且可以选择更少但是质量更高的特征子集。

3. 将 ROR 用于推断评估模型的参数

为了提高评估模型参数确定过程的鲁棒性，更加充分地利用专家提供的评估参考信息，本书将 ROR 用于推断评估模型的参数。本书简要回顾了 ROR 的基本理论和方法；将专家可以提供的评估参考信息划分为 4 类 18 种，针对每一种参考信息都给出了其对应的约束条件；提出了 10 组可以从评估参考信息中得到的"必然"和"可能"偏好关系，对于每一组偏好关系都给出了两种计算方法；为了选择最具代表性的模型参数，以"必然"偏好关系和极限排序的结果为优化目标，对参数的可行域进行压缩；最后，设计了一个评估案例，详细展示了"参考信息—'必然'偏好关系"之间的交互关系，并给出了最终的评估结果。

4. 研究了评估参考信息辅助生成方法

本书采用基于两两比较的方法辅助专家提供评估参考信息，回顾了几个典型的基于两两比较的方法，并提出了 3 种新的方法。本书将差值标度与 BWM 相结合，提出了 CBWM；将 P-CNP 在区间数上进行推广，提出了 I-CNP；将 BWM 在区间数上进行推广，提出了 IBWM。CBWM 兼具了 P-CNP 和 BWM 的优势，相对于 P-CNP，CBWM 更容易得到比较一致的两两比较结果；相对于 BWM，CBWM 得到的结果能够更好地拟合专家给出的两两比较结果。I-CNP 和 IBWM 能够应对专家的不确定性，并且相比于区间层次分析法，I-CNP 和 IBWM 能够更好地反映专家对问题的认知，得到的结果更加可靠。CBWM、I-CNP 和 IBWM 扩展并完善了基于两两比较的方法体系，灵活运用这 3 种方法，专家可以更加便捷地提供可靠的评估参考信息。

基于本书内容，下一步可以从以下几个方面继续展开研究。

1. 以本书提出的理论和方法为基础的系统能力评估系统的设计与开发

本书提出的新型评估框架在数据分析处理上工作量很大，操作也比较复杂。因而，要想将其进行推广使用，必须研发对应的评估支持系统。下一步首先完成系统的需求分析和概要设计，明确系统的业务流程和功能模块划分，然后针对每个模块进行详细设计，最后进行编码实现。

2. 研究 ROR 方法在确定其他评估模型参数中的应用

ROR 是一种理念，不仅可以用于本书所选用的评估模型，也可以用于其他评估模型。目前，ROR 在多准则效用理论和级别优先关系模型中都已经有所运用，下一步的一个研究重点是将 ROR 应用到更多的模型中，如 TOPSIS 方法等。ROR 的推广需要解决的一个重要问题是如何对参考信息对应的约束条件进行相应的转换，使模型参数在一个线性约束的可行域中。

3. 进一步深化基于两两比较的方法的研究

虽然本书提出的 CBWM、I-CNP 和 IBWM 对基于两两比较的方法体系进行了扩展，但是该体系仍然有继续完善的空间。例如，在图 5-1 中，还可以将差值标度、比较判断向量和区间数进行结合，对得到的新的比较判断向量进行一致性分析，并研究从中推断权重向量的方法。

4. 探索其他辅助专家提供评估参考信息的方法

除了基于两两比较的方法，在 2.2.4 小节中还提到了可以借助多准则聚类的结果辅助专家提供评估参考信息。下一步主要对现有多准则聚类算法进行对比分析，针对现有算法存在的不足，设计新型算法，同时结合多种不同的多准则聚类算法进行聚类集成研究。

参 考 文 献

[1] 肖丁，王平，叶雪清. 部队作战能力评估程序研究[J]. 军事运筹与系统工程，2008，22(3)：73-76.

[2] 付东，方程，王震雷. 作战能力与作战效能评估方法研究[J]. 军事运筹与系统工程，2006，20(4)：35-39.

[3] 李传方，许瑞明，麦群伟. 作战能力分析方法研究综述[J]. 军事运筹与系统工程，2009(3)：72-77.

[4] 王涛，端木京顺，王晓钧. 基于模糊综合评价 DEA 方法的信息化部队作战能力评估[J]. 军事运筹与系统工程，2006(3)：69-72.

[5] 胡军，李涛，李亮，等. 数字化部队作战能力评估指标体系[J]. 火力与指挥控制，2009(9)：76-79.

[6] 刘云杰，江敬灼，付东. 基于仿真实验的联合作战能力评估方法初探[J]. 系统仿真学报，2011(5)：1010-1014.

[7] 蒲建春，龙建国，李君灵，等. 合成部队作战能力评估的全过程累积法及其实现[J]. 军事运筹与系统工程，2010，24(1)：75-80.

[8] 黄少罗，曹立军. 陆军合成师作战能力仿真评估技术研究[J]. 军事运筹与系统工程，2007(2)：58-63.

[9] 张岩，刘军，李雄. 层次分析法在装甲师作战能力评估中的应用[J]. 装甲兵工程学院学报，2002(1)：14-18.

[10] 刘毅勇，江敬灼. 部队武器装备作战能力评估的指标体系[J]. 军事系统工程，1994(4)：6-10.

[11] 罗鹏程，傅攀峰，周经伦. 武器装备体系作战能力评估框架[J]. 系统工程与电子技术，2005(1)：72-75.

[12] 石福丽，杨峰，许永平，等. 基于 ANP 和仿真的武器装备作战能力幂指数评估方法[J]. 系统工程理论与实践，2011(6)：1086-1094.

[13] 肖冰松，方洋旺，许蕴山，等. 基于模糊集和粗糙集的武器系统作战能力评估[J]. 系统工程与电子技术，2010(6)：1263-1265.

[14] 周华任，马亚平，郭杰，等. 基于五力的武器装备作战能力评估模型[J]. 火力与指挥控制，2011(2)：11-14.

[15] 黎放，王悦，狄鹏. 武器装备体系作战能力评估中的耦合风险研究[J]. 系统工程与电子技术，2008(11)：2204-2206.

[16] 陈国社，马亚平. 武器装备作战能力量化体系[J]. 火力与指挥控制，2011(4)：46-49.

[17] 魏继才，张静，杨峰，等. 基于仿真的武器装备体系作战能力评估研究[J]. 系统仿真学报，2007(21)：5093-5097.

[18] 杜燕波，郭齐胜. 基于有限综合评估思想的装备体系作战能力对比评估方法[J]. 军事运筹与系统工程，2014(1)：42-46.

[19] 池建军，罗小明，郭钰，等. 复杂电磁环境下通信网作战能力仿真评估研究[J]. 装备学院学报，2012(6)：86-91.

[20] 石福丽，方志刚，杨峰，等. 基于仿真的潜艇装备作战能力 ANP 幂指数评估方法[J]. 国防科技大学学报，2011(4)：168-174.

[21] 许永平，石福丽，杨峰，等. 基于模糊积分的潜艇作战能力评估方法[J]. 计算机仿真，2009(9)：19-23.

[22] 李跃辉，周勇，洪贞启. 潜艇作战能力的综合量化评估[J]. 系统工程理论与实践，2004(8)：

136 - 140.

[23] 李艳丽,樊博. 对抗条件下反舰导弹作战能力分析[J]. 火力与指挥控制,2008(1): 86 - 89.

[24] 李国宏,孙健,夏伟鹏,等. 基于神经网络的地空导弹武器系统作战能力评估[J]. 火力与指挥控制,2011(8): 110 - 113.

[25] 吕可,郑威,赵严冰. 雷达对抗侦察装备作战能力的 ANP 幂指数评估方法[J]. 火力与指挥控制,2016(12): 59 - 63.

[26] 熊少华,刘洪彬. 雷达情报网作战能力评价指标体系研究[J]. 系统工程与电子技术,2000(3): 94 - 96.

[27] 吴志飞,肖丁,张立. "集对-指数法"的水面舰艇作战能力评估[J]. 火力与指挥控制,2013(9): 101 - 103.

[28] 韩朝超,黄树彩,张东洋. 反导作战能力评估方法研究综述[J]. 科技导报,2009(24): 76 - 80.

[29] 姜剑雄,孔祥龙,师鹏,等. 基于 ANP 的天基海洋监视体系作战能力评估方法[J]. 火力与指挥控制,2017(10): 53 - 58.

[30] 赵炤,刘伟,罗鹏程. 基于灰色关联分析的 ATR 系统作战能力评估[J]. 电光与控制,2009(1): 15 - 18.

[31] 赵忠文,喻蓉,王魁. 基于熵的 C4ISR 系统信息作战能力研究[J]. 电光与控制,2011(4): 30 - 32.

[32] 王晗中,常春贺,邓刚. 天波超视距雷达作战能力评估[J]. 现代防御技术,2014(4): 39 - 45.

[33] 周须峰,唐硕. 天基对地打击武器作战能力分析[J]. 飞行力学,2008(4): 55 - 58.

[34] 王礼沅,董彦非,江洋溢,等. 攻击机反舰作战能力评估的综合指数模型[J]. 系统工程与电子技术,2007(5): 771 - 773.

[35] 邵飞,李沛,刘小斌. 基于灰色理论的工兵团作战能力模糊评估[J]. 火力与指挥控制,2011(7): 49 - 52.

[36] 许俊飞,邢昌风,吴玲. 基于约束优化的舰艇区域防空作战能力需求生成[J]. 北京航空航天大学学报,2016(5): 1039 - 1045.

[37] 申普兵,赵占东,宫强兵. 网络作战能力评估指标体系构建问题的研究[J]. 计算机科学,2016(S1): 505 - 507.

[38] 滕臣,李忠新. 步兵三角队形作战能力的评估[J]. 火力与指挥控制,2014(11): 84 - 88.

[39] 张俊,冯昌林,张世英. 电磁脉冲弹打击水面舰艇作战能力研究[J]. 兵工学报,2015(S2): 34 - 37.

[40] 朱枫,韩晓明,南海阳. 防空导弹反临近空间武器作战能力评估[J]. 火力与指挥控制,2017(3): 8 - 12.

[41] 张金哲,韩晓明. 基于改进 AHP 法的飞机超视距作战能力评估[J]. 火力与指挥控制,2009(10): 159 - 160.

[42] 孟一鸣,黄炳越,周智超,等. 基于云理论的两栖编队作战能力评估[J]. 舰船科学技术,2012(4): 111 - 115.

[43] 肖丁,赵金超,陈勇. 基于云重心理论的单舰防空作战能力评估[J]. 现代防御技术,2011(5): 30 - 34.

[44] 马志民,刘博. 潜射反舰导弹超视距攻击作战能力评估指标体系[J]. 飞航导弹,2008(4): 15 - 17.

[45] 张目,周宗放. 云重心评判法在防空兵作战能力评估中的应用[J]. 计算机测量与控制,2010(8): 1928 - 1930.

[46] 丁剑飞,司光亚,杨镜宇,等. 关于体系作战效能评估指标体系构建方法的研究分析[J]. 指挥与控制学报,2016(03): 239 - 242.

[47] 司光亚,高翔,刘洋,等. 基于仿真大数据的效能评估指标体系构建方法[J]. 大数据,2016(4): 57 - 68.

［48］ 伍文峰，胡晓峰. 基于大数据的网络化作战体系能力评估框架[J]. 军事运筹与系统工程，2016(2)：26－32.

［49］ 李璟. 战斗力解析[M]. 北京：国防大学出版社，2013.

［50］ 张迪，郭齐胜，李智国，等. 基于型号性能指标的武器装备体系作战能力评估方法[J]. 火力与指挥控制，2015(5)：12－16.

［51］ SAATY T L. Decision Making—the Analytic Hierarchy and Network Processes（AHP/ANP）[J]. Journal of Systems Science and Systems Engineering，2004，13(1)：1－35.

［52］ 徐海峰，李相民，王磊. 基于 AHP 与熵权的舰艇编队信息作战能力模糊综合评估[J]. 火力与指挥控制，2013(6)：93－96.

［53］ 王劲松，邹磊，孙雪飞. 基于灰色模糊综合评价的网络作战能力评估[J]. 现代防御技术，2013(4)：74－81.

［54］ 史军涛，周铭，张振坤. 基于 Som-Bp 云神经网络的通信对抗作战能力评估[J]. 火力与指挥控制，2013(10)：99－102.

［55］ 程恺，车先明，张宏军，等. 基于支持向量机的部队作战效能评估[J]. 系统工程与电子技术，2011(5)：1055－1058.

［56］ 唐克，张罗政，魏琪. 基于云重心法评估复杂电磁环境下炮兵信息化作战能力[J]. 运筹与管理，2008(2)：121－124.

［57］ 刘伟，罗鹏程，赵焰，等. 基于 TOPSIS 方法的自动目标识别作战能力评估[J]. 火力与指挥控制，2009(9)：88－91.

［58］ MORADI P，ROSTAMI M. Integration of Graph Clustering with Ant Colony Optimization for Feature Selection[J]. Knowledge－Based Systems，2015，84：144－161.

［59］ UYSAL A K. An Improved Global Feature Selection Scheme for Text Classification[J]. Expert Systems with Applications，2016，43：82－92.

［60］ RADOVIC M，GHALWASH M，FILIPOVIC N，et al. Minimum Redundancy Maximum Relevance Feature Selection Approach for Temporal Gene Expression Data[J]. BMC Bioinformatics，2017，18(9)：1－14.

［61］ EESA A S，ORMAN Z，BRIFCANI A M A. A Novel Feature－Selection Approach Based On the Cuttlefish Optimization Algorithm for Intrusion Detection Systems[J]. Expert Systems with Applications，2015，42(5)：2670－2679.

［62］ MIAO J，NIU L. A Survey On Feature Selection[J]. Procedia Computer Science，2016，91：919－926.

［63］ LUO M，NIE F，CHANG X，et al. Adaptive Unsupervised Feature Selection with Structure Regularization[J]. IEEE Transactions on Neural Networks and Learning Systems，2017，29(4)：944－956.

［64］ SHEIKHPOUR R，SARRAM M A，GHARAGHANI S，et al. A Survey On Semi－Supervised Feature Selection Methods[J]. Pattern Recognition，2017，64：141－158.

［65］ CHANDRASHEKAR G，SAHIN F. A Survey On Feature Selection Methods[J]. Computers & Electrical Engineering，2014，40(1)：16－28.

［66］ CHANG C，WANG S. Constrained Band Selection for Hyperspectral Imagery[J]. IEEE Transactions on Geoscience and Remote Sensing，2006，44(6)：1575－1585.

［67］ HE X，CAI D，NIYOGI P. Laplacian Score for Feature Selection[C]//Proceedings of Annual Conference on Neural Information Processing Systems（NIPS），2005：507－514.

［68］ KIM S B，RATTAKORN P. Unsupervised Feature Selection Using Weighted Principal Components [J]. Expert Systems with Applications，2011，38(5)：5704－5710.

［69］ MITRA P, MURTHY C A, PAL S K. Unsupervised Feature Selection Using Feature Similarity[J]. IEEE Transactions on Pattern Analysis and Machine Intelligence, 2002, 24(3): 301 – 312.

［70］ MARTÍNEZ – USÓMARTINEZ – USO A, PLA F, SOTOCA J M, et al. Clustering – Based Hyperspectral Band Selection Using Information Measures[J]. IEEE Transactions on Geoscience and Remote Sensing, 2007, 45(12): 4158 – 4171.

［71］ WU J. Unsupervised Intrusion Feature Selection Based On Genetic Algorithm and FCM[M]. London: Springer, 2012.

［72］ LI Z, LIU J, YANG Y, et al. Clustering – Guided Sparse Structural Learning for Unsupervised Feature Selection[J]. IEEE Transactions on Knowledge and Data Engineering, 2014, 26(9): 2138 – 2150.

［73］ DOQUIRE G, VERLEYSEN M. A Graph Laplacian Based Approach to Semi – Supervised Feature Selection for Regression Problems[J]. Neurocomputing, 2013, 121(Supplement C): 5 – 13.

［74］ YANG M, CHEN Y, JI G. SemiFisher Score: A Semi – Supervised Method for Feature Selection [C]//2010 International Conference on Machine Learning and Cybernetics, 2010: 527 – 532.

［75］ ZHANG D, CHEN S, ZHOU Z. Constraint Score: A New Filter Method for Feature Selection with Pairwise Constraints[J]. Pattern Recognition, 2008, 41(5): 1440 – 1451.

［76］ ZHAO Z, LIU H. Semi – Supervised Feature Selection Via Spectral Analysis[C]//7th SIAM International Conference, 2007: 641 – 646.

［77］ SHI C, RUAN Q, AN G. Sparse Feature Selection Based On Graph Laplacian for Web Image Annotation[J]. Image and Vision Computing, 2014, 32(3): 189 – 201.

［78］ BELLAL F, ELGHAZEL H, AUSSEM A. A Semi – Supervised Feature Ranking Method with Ensemble Learning[J]. Pattern Recognition Letters, 2012, 33(10): 1426 – 1433.

［79］ ANG J C, HARON H, NUZLY H, et al. Semi-supervised SVM-based Feature Selection for Cancer Classification using Microarray Gene Expression Data[C]// International Conference on Industrial, Engineering and Other Applications of Applied Intelligent Systems, 2015: 468 – 477.

［80］ DAI K, YU H, LI Q. A Semisupervised Feature Selection with Support Vector Machine[J]. Journal of Applied Mathematics, 2013(416320): 1—11.

［81］ XU Z, KING I, LYU M R, et al. Discriminative Semi – Supervised Feature Selection Via Manifold Regularization[J]. IEEE Transactions on Neural Networks, 2010, 21(7): 1033 – 1047.

［82］ FREEMAN C, KULI D, BASIR O. An Evaluation of Classifier – Specific Filter Measure Performance for Feature Selection[J]. Pattern Recognition, 2015, 48(5): 1812 – 1826.

［83］ KONONENKO I. Estimating Attributes: Analysis and Extensions of RELIEF[C]//1994 European Conference on Machine Learning, 1994: 171 – 182.

［84］ DEVIJVER P A, KITTLER J. Pattern Recognition: A Statistical Approach[M]. New Jersey, USA: Prentice Hall, 1982.

［85］ BENNASAR M, HICKS Y, SETCHI R. Feature Selection Using Joint Mutual Information Maximisation[J]. Expert Systems with Applications, 2015, 42(22): 8520 – 8532.

［86］ FLEURET F. Fast Binary Feature Selection with Conditional Mutual Information[J]. Journal of Machine Learning Research, 2004, 5: 1531 – 1555.

［87］ PENG H, LONG F, DING C. Feature Selection Based On Mutual Information: Criteria of Max – Dependency, Max – Relevance, and Min – Redundancy[J]. IEEE Transactions on Pattern Analysis and Machine Intelligence, 2005, 27(8): 1226 – 1238.

［88］ BROWN G. A New Perspective for Information Theoretic Feature Selection[C]//12th International

International Conference on Artificial Intelligence and Statistics，2009：49 - 56.

[89] BATTITI R. Using Mutual Information for Selecting Features in Supervised Neural Net Learning [J]. IEEE Transactions on Neural Networks，1994，5(4)：537 - 550.

[90] KWAK N，CHOI C. Input Feature Selection for Classification Problems[J]. IEEE Transactions on Neural Networks，2002，13(1)：143 - 159.

[91] ZENG Z，ZHANG H，ZHANG R，et al. A Novel Feature Selection Method Considering Feature Interaction[J]. Pattern Recognition，2015，48(8)：2656 - 2666.

[92] HOQUE N，BHATTACHARYYA D K，KALITA J K. MIFS - ND：A Mutual Information - Based Feature Selection Method[J]. Expert Systems with Applications，2014，41(14)：6371 - 6385.

[93] ALMUALLIM H，DIETTERICH T G. Learning with Many Irrelevant Features[C]// Proceedings of the ninth National conference on Artificial intelligence，1991(2)：547 - 552.

[94] LIU H，SETIONO R. A Probabilistic Approach to Feature Selection - A Filter Solution[C]//ICML，1996：319 - 327.

[95] WANG C，QI Y，SHAO M，et al. A Fitting Model for Feature Selection with Fuzzy Rough Sets[J]. IEEE Transactions on Fuzzy Systems，2017，25(4)：741 - 753.

[96] HALL M A. Feature Selection for Discrete and Numeric Class Machine Learning [C]//17th International conference on Machine Learning，2000：1 - 16.

[97] CAI D，ZHANG C，HE X. Unsupervised Feature Selection for Multi - Cluster Data[C]//16th ACM SIGKDD international conference on Knowledge discovery and data mining，2010：333.

[98] PUDIL P，NOVOVIČOVÁ J，KITTLER J. Floating Search Methods in Feature Selection[J]. Pattern Recognition Letters，1994，15(11)：1119 - 1125.

[99] SOMOL P，PUDIL P，NOVOVIČOVÁ J，et al. Adaptive Floating Search Methods in Feature Selection[J]. Pattern Recognition Letters，1999，20(11 - 13)：1157 - 1163.

[100] NAKARIYAKUL S，CASASENT D P. An Improvement On Floating Search Algorithms for Feature Subset Selection[J]. Pattern Recognition，2009，42(9)：1932 - 1940.

[101] PAUL D，SU R，ROMAIN M，et al. Feature Selection for Outcome Prediction in Oesophageal Cancer Using Genetic Algorithm and Random Forest Classifier[J]. Computerized Medical Imaging and Graphics，2017，60：42 - 49.

[102] MISTRY K，ZHANG L，NEOH S C，et al. A Micro - GA Embedded PSO Feature Selection Approach to Intelligent Facial Emotion Recognition[J]. IEEE Transactions on Cybernetics，2017，47(6)：1496 - 1509.

[103] BARBU A，SHE Y，DING L，et al. Feature Selection with Annealing for Computer Vision and Big Data Learning[J]. IEEE Transactions on Pattern Analysis and Machine Intelligence，2017，39(2)：272 - 286.

[104] ANG J C，MIRZAL A，HARON H，et al. Supervised，Unsupervised，and Semi - Supervised Feature Selection：A Review on Gene Selection[J]. IEEE/ACM Transactions on Computational Biology and Bioinformatics，2016，13(5)：971 - 989.

[105] NIE F，HUANG H，CAI X，et al. Efficient and Robust Feature Selection Via Joint $\ell_2, 1$ - Norms Minimization[C]//NIPS，2010：1813 - 1821.

[106] XIANG S，NIE F，MENG G，et al. Discriminative Least Squares Regression for Multiclass Classification and Feature Selection[J]. IEEE Transactions on Neural Networks and Learning Systems，2012，23(11)：1738 - 1754.

[107]　ANAISSI A, KENNEDY P J, GOYAL M, et al. A Balanced Iterative Random Forest for Gene Selection From Microarray Data[J]. BMC Bioinformatics, 2013, 14(1): 261.

[108]　PANG H, GEORGE S L, HUI K, et al. Gene Selection Using Iterative Feature Elimination Random Forests for Survival Outcomes[J]. IEEE/ACM transactions on computational biology and bioinformatics, 2012, 9(5): 1422 – 1431.

[109]　GRECO S, EHRGOTT M, FIGUEIRA J. Multiple Criteria Decision Analysis State of the Art Surveys[M]. New York: Springer Science+Business Media New York, 2016.

[110]　JACQUET-LAGRÈZE E, SISKOS Y. Preference Disaggregation: 20 Years of MCDA Experience [J]. European Journal of Operational Research, 2001, 130(2): 233 – 245.

[111]　JACQUET-LAGREZE E, SISKOS J. Assessing a Set of Additive Utility Functions for Multicriteria Decision – Making, the UTA Method[J]. European Journal of Operational Research, 1982, 10(2): 151 – 164.

[112]　ZOPOUNIDIS C, DOUMPOS M. Business Failure Prediction Using the UTADIS Multicriteria Analysis Method[J]. Journal of the Operational Research Society, 1999, 50(11): 1138 – 1148.

[113]　SISKOS J, YANNACOPOULOS D. UTASTAR: An Ordinal Regression Method for Building Additive Value Functions[J]. Investigação Operacional, 1985, 5(1): 39 – 53.

[114]　GRECO S, MOUSSEAU V, SŁOWIŃSKI R. Ordinal Regression Revisited: Multiple Criteria Ranking Using a Set of Additive Value Functions[J]. European Journal of Operational Research, 2008, 191(2): 416 – 436.

[115]　FIGUEIRA J R, GRECO S, SŁOWIŃSKI R. Building a Set of Additive Value Functions Representing a Reference Preorder and Intensities of Preference: GRIP Method[J]. European Journal of Operational Research, 2009, 195(2): 460 – 486.

[116]　GRECO S, MOUSSEAU V, S OWIŃSKI R. Multiple Criteria Sorting with a Set of Additive Value Functions[J]. European Journal of Operational Research, 2010, 207(3): 1455 – 1470.

[117]　GRECO S, KADZIŃSKI M, MOUSSEAU V, et al. ELECTREGKMS: Robust Ordinal Regression for Outranking Methods[J]. European Journal of Operational Research, 2011, 214(1): 118 – 135.

[118]　KADZIŃSKI M O, GRECO S, S OWIŃSKI R. Extreme Ranking Analysis in Robust Ordinal Regression[J]. Omega, 2012, 40(4): 488 – 501.

[119]　ANGILELLA S, GRECO S, MATARAZZO B. Non – Additive Robust Ordinal Regression: A Multiple Criteria Decision Model Based On the Choquet Integral [J]. European Journal of Operational Research, 2010, 201(1): 277 – 288.

[120]　ANGILELLA S, CORRENTE S, GRECO S, et al. Robust Ordinal Regression and Stochastic Multiobjective Acceptability Analysis in Multiple Criteria Hierarchy Process for the Choquet Integral Preference Model[J]. Omega, 2016, 63: 154 – 169.

[121]　ANGILELLA S, CORRENTE S, GRECO S. Stochastic Multiobjective Acceptability Analysis for the Choquet Integral Preference Model and the Scale Construction Problem[J]. European Journal of Operational Research, 2015, 240(1): 172 – 182.

[122]　CORRENTE S, DOUMPOS M, GRECO S, et al. Multiple Criteria Hierarchy Process for Sorting Problems Based On Ordinal Regression with Additive Value Functions[J]. Annals of Operations Research, 2017, 251(1 – 2): 117 – 139.

[123]　CORRENTE S, GRECO S, SŁOWIŃSKI R. Multiple Criteria Hierarchy Process with ELECTRE and PROMETHEE[J]. Omega, 2013, 41(5): 820 – 846.

[124]　CORRENTE S, GRECO S, SŁOWIŃSKI R. Multiple Criteria Hierarchy Process in Robust Ordinal

Regression[J]. Decision Support Systems, 2012, 53(3): 660 – 674.

[125] GRECO S, SŁOWIŃSKI R, ZIELNIEWICZ P. Putting Dominance – based Rough Set Approach and Robust Ordinal Regression Together[J]. Decision Support Systems, 2013, 54(2): 891 – 903.

[126] KADZIŃSKI M O, GRECO S, SŁOWIŃSKI R. Robust Ordinal Regression for Dominance – based Rough Set Approach to Multiple Criteria Sorting[J]. Information Sciences, 2014, 283(Supplement C): 211 – 228.

[127] KADZIŃSKI M O, GRECO S, SŁOWIŃSKI R. Selection of a Representative Set of Parameters for Robust Ordinal Regression Outranking Methods[J]. Computers & Operations Research, 2012, 39 (11): 2500 – 2519.

[128] KADZIŃSKI M, GRECO S, SŁOWIŃSKI R. Selection of a Representative Value Function for Robust Ordinal Regression in Group Decision Making[J]. Group Decision and Negotiation, 2013, 22(3): 429 – 462.

[129] KADZIŃSKI M O, GRECO S, S OWIŃSKI R. Selection of a Representative Value Function in Robust Multiple Criteria Ranking and Choice[J]. European Journal of Operational Research, 2012, 217(3): 541 – 553.

[130] EHRGOTT M, FIGUEIRA J R, Greco S. Trends in Multiple Criteria Decision Analysis[M]. New York: Springer, 2010.

[131] CORRENTE S, GRECO S, KADZIŃSKI M. Robust Ordinal Regression[J]. Wiley Encyclopedia of Operations Research and Management Science, 2014(1): 1 – 10.

[132] ANGILELLA S, GRECO S, MATARAZZO B. Non – Additive Robust Ordinal Regression with Choquet Integral, Bipolar and Level Dependent Choquet Integrals[C]//the Joint 2009 International Fuzzy Systems Association World Congress and 2009 European Society of Fuzzy Logic and Technology Conference, 2009: 1194 – 1199.

[133] CORRENTE S, FIGUEIRA J R, GRECO S. Interaction of Criteria and Robust Ordinal Regression in Bi – Polar PROMETHEE Methods[J]. Communications in Computer and Information Science, 2012, 300 CCIS(PART 4): 469 – 479.

[134] CORRENTE S. Hierarchy and Interaction of Criteria in Robust Ordinal Regression[D]. Campania: University of Catania, 2013.

[135] ANGILELLA S, CORRENTE S, GRECO S. Multiple Criteria Hierarchy Process for the Choquet Integral[C]//International Conference on Evolutionary Multicriterion Optimization, 2013: 475 – 489.

[136] CORRENTE S, FIGUEIRA J R, GRECO S. Dealing with Interaction Between Bipolar Multiple Criteria Preferences in PROMETHEE Methods[J]. Annals of Operations Research, 2014, 217(1): 137 – 164.

[137] GRECO S, MOUSSEAU V, SŁOWIŃSKI R. Robust Ordinal Regression for Value Functions Handling Interacting Criteria[J]. European Journal of Operational Research, 2014, 239(3): 711 – 730.

[138] CORRENTE S, GRECO S, ISHIZAKA A. Combining Analytical Hierarchy Process and Choquet Integral within Non – Additive Robust Ordinal Regression[J]. Omega, 2016, 61: 2 – 18.

[139] KADZIŃSKI M O, CIOMEK K, SŁOWIŃSKI R. Modeling Assignment – Based Pairwise Comparisons within Integrated Framework for Value – Driven Multiple Criteria Sorting[J]. European Journal of Operational Research, 2015, 241(3): 830 – 841.

[140] KADZIŃSKI M O, TERVONEN T, RUI FIGUEIRA J. Robust Multi – Criteria Sorting with the

Outranking Preference Model and Characteristic Profiles[J]. Omega, 2015, 55(Supplement C): 126-140.

[141] KADZIŃSKI M O, TERVONEN T. Robust Multi-Criteria Ranking with Additive Value Models and Holistic Pair-Wise Preference Statements[J]. European Journal of Operational Research, 2013, 228(1): 169-180.

[142] KADZIŃSKI M O, TERVONEN T. Stochastic Ordinal Regression for Multiple Criteria Sorting Problems[J]. Decision Support Systems, 2013, 55(1): 55-66.

[143] ANGILELLA S, GRECO S, MATARAZZO B. The Most Representative Utility Function for Non-Additive Robust Ordinal Regression[C]//International Conference on Information Processing and Management of Uncertainty in Knowledge-Based Systems, 2010: 220-229.

[144] GRECO S, KADZIŃSKI M O, S OWIŃSKI R. Selection of a Representative Value Function in Robust Multiple Criteria Sorting [J]. Computers & Operations Research, 2011, 38(11): 1620-1637.

[145] GRECO S, KADZIŃSKI M, MOUSSEAU V, et al. Robust Ordinal Regression for Multiple Criteria Group Decision: UTAGMS-GROUP and UTADISGMS-GROUP[J]. Decision Support Systems, 2012, 52(3): 549-561.

[146] CORRENTE S, GRECO S, KADZIŃSKI M, et al. Robust Ordinal Regression in Preference Learning and Ranking[J]. Machine Learning, 2013, 93(2-3): 381-422.

[147] CORRENTE S, GRECO S, SŁOWIŃSKI R. Handling Imprecise Evaluations in Multiple Criteria Decision Aiding and Robust Ordinal Regression by N-Point Intervals[J]. Fuzzy Optimization and Decision Making, 2017, 16(2): 127-157.

[148] 张宏军. 作战仿真数据工程[M]. 北京:国防工业出版社, 2014.

[149] 张宏军, 郝文宁. 基于作战行动的训练演习实况数据编辑方法[J]. 军事运筹与系统工程, 2013 (3): 10-14.

[150] DE SMET Y, MONTANO GUZMÁN L. Towards Multicriteria Clustering: An Extension of the K-Means Algorithm[J]. European Journal of Operational Research, 2004, 158(2): 390-398.

[151] DE SMET Y, EPPE S. Multicriteria Relational Clustering: The Case of Binary Outranking Matrices[C]//5th EMO: International Conference on Evolutionary Multi-Criterion Optimization, 2009: 380-393.

[152] DE SMET Y, NEMERY P, SELVARAJ R. An Exact Algorithm for the Multicriteria Ordered Clustering Problem[J]. Omega, 2012, 40(6): 861-869.

[153] ROCHA C, DIAS L C. {MPOC}: An Agglomerative Algorithm for Multicriteria Partially Ordered Clustering[J]. 4OR, 2013, 11(3): 253-273.

[154] FERNANDEZ E, NAVARRO J, BERNAL S. Handling Multicriteria Preferences in Cluster Analysis[J]. European Journal of Operational Research, 2010, 202(3): 819-827.

[155] CHEN L, XU Z, WANG H, et al. An ordered clustering algorithm based on K-means and the PROMETHEE method [J]. International Journal of Machine Learning and Cybernetics, 2018(9): 917-926.

[156] HUHTALA Y. Tane: An Efficient Algorithm for Discovering Functional and Approximate Dependencies[J]. The Computer Journal, 1999, 42(2): 100-111.

[157] ESTEVEZ P A, TESMER M, PEREZ C A, et al. Normalized Mutual Information Feature Selection[J]. IEEE Transactions on Neural Networks, 2009, 20(2): 189-201.

[158] YANG H H, MOODY J. Data Visualization and Feature Selection: New Algorithms for

Nongaussian Data[C]//NIPS, 1999: 687 – 693.

[159] AKADI A E, OUARDIGHI A E, ABOUTAJDINE D. A Powerful Feature Selection Approach Based On Mutual Information[J]. International Journal of Computer Science and Network Security, 2008, 4(8): 116 – 121.

[160] MEYER P E, BONTEMPI G. On the Use of Variable Complementarity for Feature Selection in Cancer Classification[C]//International Conference On Applications Of Evolutionary Computing, 2006: 91 – 102.

[161] VERGARA J R, ULLMAN S. Object Recognition with Informative Features and Linear Classification[C]//ICCV, 2003: 281 – 288.

[162] YU L, LIU H, GUYON I. Efficient Feature Selection Via Analysis of Relevance and Redundancy [J]. Journal of Machine Learning Research, 2004, 5(1): 1205 – 1224.

[163] ROBNIK-ŠIKONJA M, KONONENKO I. Theoretical and Empirical Analysis of ReliefF and RReliefF[J]. Machine Learning, 2003, 53(1/2): 23 – 69.

[164] ZENG Z, ZHANG H, ZHANG R, et al. A Novel Feature Selection Method Considering Feature Interaction[J]. Pattern Recognition, 2015, 48(8): 2656 – 2666.

[165] HALL M, FRANK E, HOLMES G, et al. The WEKA Data Mining Software[J]. ACM SIGKDD Explorations Newsletter, 2009, 11(1): 10.

[166] SAATY T L. How to Make a Decision: The Analytic Hierarchy Process[J]. Interfaces, 1994, 24 (6): 19 – 43.

[167] YUEN K K F. Analytic Hierarchy Prioritization Process in the AHP Application Development: A Prioritization Operator Selection Approach[J]. Applied Soft Computing, 2010, 10(4): 975 – 989.

[168] YUEN K K F. Pairwise Opposite Matrix and its Cognitive Prioritization Operators: Comparisons with Pairwise Reciprocal Matrix and Analytic Prioritization Operators [J]. Journal of the Operational Research Society, 2012, 63(3): 322 – 338.

[169] YUEN K K F. The Primitive Cognitive Network Process: Comparisons with the Analytic Hierarchy Process[J]. International Journal of Information Technology & Decision Making, 2011, 10(4): 659 – 680.

[170] REZAEI J. Best – Worst Multi – Criteria Decision – Making Method[J]. Omega, 2015, 53: 49 – 57.

[171] REZAEI J. Best – Worst Multi – Criteria Decision – Making Method: Some Properties and a Linear Model[J]. Omega, 2016, 64: 126 – 130.

[172] GUPTA H, BARUA M K. Supplier Selection Among SMEs On the Basis of their Green Innovation Ability Using BWM and Fuzzy TOPSIS[J]. Journal of Cleaner Production, 2017, 152: 242 – 258.

[173] REZAEI J, NISPELING T, SARKIS J, et al. A Supplier Selection Life Cycle Approach Integrating Traditional and Environmental Criteria Using the Best Worst Method[J]. Journal of Cleaner Production, 2016, 135: 577 – 588.

[174] REZAEI J, WANG J, TAVASSZY L. Linking Supplier Development to Supplier Segmentation Using Best Worst Method[J]. Expert Systems with Applications, 2015, 42(23): 9152 – 9164.

[175] BADRI AHMADI H, KUSI-SARPONG S, REZAEI J. Assessing the Social Sustainability of Supply Chains Using Best Worst Method[J]. Resources, Conservation and Recycling, 2017, 126: 99 – 106.

[176] WAN AHMAD W N K, REZAEI J, SADAGHIANI S, et al. Evaluation of the External Forces Affecting the Sustainability of Oil and Gas Supply Chain Using Best Worst Method[J]. Journal of Cleaner Production, 2017, 153: 242 – 252.

[177] ZHAO H，GUO S，ZHAO H. Comprehensive Benefit Evaluation of Eco-Industrial Parks by Employing the Best-Worst Method Based On Circular Economy and Sustainability［J］. Environment，Development and Sustainability，2018(20)：1229 - 1253.

[178] GHAFFARI S，ARAB A，NAFARI J，et al. Investigation and Evaluation of Key Success Factors in Technological Innovation Development Based On BWM［J］. Decision Science Letters，2017，6(3)：295 - 306 .

[179] VAN DE KAA G，KAMP L，REZAEI J. Selection of Biomass Thermochemical Conversion Technology in the Netherlands：A Best Worst Method Approach［J］. Journal of Cleaner Production，2017，166：32 - 39.

[180] SALIMI N，REZAEI J. Evaluating Firms' R&D Performance Using Best Worst Method［J］. Evaluation and Program Planning，2018，66：147 - 155.

[181] ASKARIFAR K，MOTAFFEF Z，AAZAAMI S. An Investment Development Framework in Iran's Seashores Using TOPSIS and Best-Worst Multi-Criteria Decision Making Methods［J］. Decision Science Letters，2018，7(1)：55 - 64.

[182] ABOUHASHEM ABADI F，GHASEMIAN SAHEBI I，ARAB A，et al. Application of Best-Worst Method in Evaluation of Medical Tourism Development Strategy［J］. Decision Science Letters，2018，7(1)：77 - 86.

[183] SAATY T L，VARGAS L G. Uncertainty and Rank Order in the Analytic Hierarchy Process［J］. European Journal of Operational Research，1987，32(1)：107 - 117.

[184] ARBEL A. Approximate Articulation of Preference and Priority Derivation［J］. European Journal of Operational Research，1989，43(3)：317 - 326.

[185] KRESS M. Approximate Articulation of Preference and Priority Derivation：A Comment［J］. European Journal of Operational Research，1991，52(3)：382 - 383.

[186] ISLAM R，BISWAL M P，ALAM S S. Preference Programming and Inconsistent Interval Judgments［J］. European Journal of Operational Research，1997，97(1)：53 - 62.

[187] WANG Y. On Lexicographic Goal Programming Method for Generating Weights From Inconsistent Interval Comparison Matrices［J］. Applied Mathematics and Computation，2006，173(2)：985 - 991.

[188] WANG Y，YANG J，XU D. Interval Weight Generation Approaches Based On Consistency Test and Interval Comparison Matrices［J］. Applied Mathematics and Computation，2005，167(1)：252 - 273.

[189] SUGIHARA K，ISHII H，TANAKA H. Interval Priorities in AHP by Interval Regression Analysis［J］. European Journal of Operational Research，2004，158(3)：745 - 754.

[190] GUO P，WANG Y. Eliciting Dual Interval Probabilities From Interval Comparison Matrices［J］. Information Sciences，2012，190：17 - 26.

[191] WANG Y，YANG J，XU D. A Two - Stage Logarithmic Goal Programming Method for Generating Weights From Interval Comparison Matrices［J］. Fuzzy Sets and Systems，2005，152(3)：475 - 498.

[192] WANG Y，ELHAG T M S. A Goal Programming Method for Obtaining Interval Weights From an Interval Comparison Matrix［J］. European Journal of Operational Research，2007，177(1)：458 - 471.

[193] LIU F. Acceptable Consistency Analysis of Interval Reciprocal Comparison Matrices［J］. Fuzzy Sets and Systems，2009，160(18)：2686 - 2700.

[194] LI K W, WANG Z, TONG X. Acceptability Analysis and Priority Weight Elicitation for Interval Multiplicative Comparison Matrices[J]. European Journal of Operational Research, 2016, 250(2): 628 – 638.

[195] CONDE E, DE LA PAZ RIVERA PÉREZ M. A Linear Optimization Problem to Derive Relative Weights Using an Interval Judgement Matrix[J]. European Journal of Operational Research, 2010, 201(2): 537 – 544.

[196] WANG Z. A Note On "a Goal Programming Model for Incomplete Interval Multiplicative Preference Relations and its Application in Group Decision – Making"[J]. European Journal of Operational Research, 2015, 247(3): 867 – 871.

[197] DONG Y, CHEN X, LI C, et al. Consistency Issues of Interval Pairwise Comparison Matrices[J]. Soft Computing, 2015, 19(8): 2321 – 2335.

[198] ZHANG Z. Logarithmic Least Squares Approaches to Deriving Interval Weights, Rectifying Inconsistency and Estimating Missing Values for Interval Multiplicative Preference Relations[J]. Soft Computing, 2017, 21(14): 3993 – 4004.

[199] MENG F, TAN C. A New Consistency Concept for Interval Multiplicative Preference Relations[J]. Applied Soft Computing, 2017, 52: 262 – 276.

[200] MENG F, TAN C, CHEN X. Multiplicative Consistency Analysis for Interval Fuzzy Preference Relations: A Comparative Study[J]. Omega, 2017, 68: 17 – 38.

[201] KREJČÍ J. On Multiplicative Consistency of Interval and Fuzzy Reciprocal Preference Relations[J]. Computers & Industrial Engineering, 2017, 111: 67 – 78.

[202] XU Z. A Survey of Preference Relations[J]. International Journal of General Systems, 2007, 36(2): 179 – 203.